U0052225

SEWING RECIPE

SEWING RECIPE

本書的使用方法

只要手邊有喜歡的布料與紙型，就可以縫製出衣服，

但對於想要動手作，卻不知道該從何處著手，

或對自己作出的衣服感到不滿意，以及想要提升縫紉技巧的人……

完成一件手作服就須有一本參考書，而本書正是為了滿足這些初學者，

或已有縫紉經驗的人而製作的。

本書不但以圖片步驟呈現，使縫法簡單易懂；

也利用插圖表示，使作法更容易理解。

同時也介紹了既簡單又美觀的裁縫祕技，

請大家搭配圖片與插圖一起閱讀。

書中所介紹的六件手作服，

只要依照步驟圖與插圖的解說即可順利製作完成。

如果各位能活用本書，享受縫製專屬手作服的樂趣，這就是我最大的幸福！

月居良子

SEWING
RECIPE

手作達人縫紉筆記——手作服這樣作就對了

BASIC
TOOLS

BASICS ◿

BASIC
STYLE

CONTENTS

TECHNIQUE

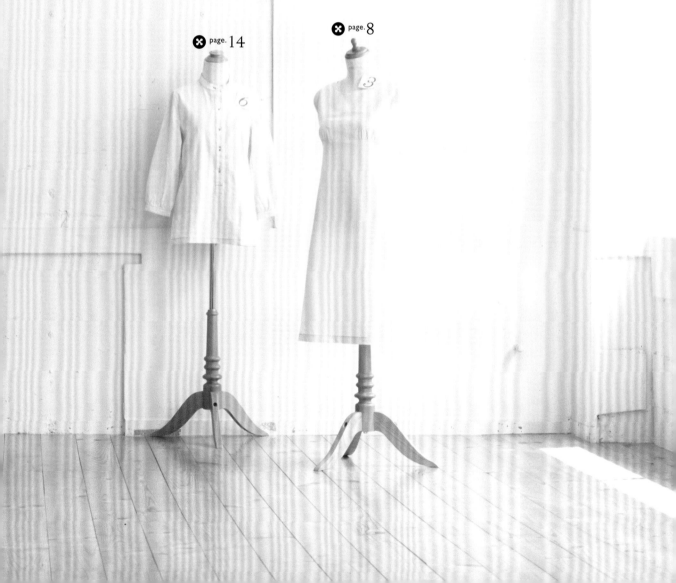

✪ page.14

✪ page.8

BASIC
Semi-flare skirt
STYLE
1

材 料

寬110cm麻質蕾絲布：7至11號　1.5m／13、15號　1.6m
寬90cm黏著襯：50cm
寬1.5cm黏著襯條（止伸襯布條）：80cm
寬1cm雙膠襯條：50cm
22cm的隱形拉鍊：1條
鉤釦：1組

完成尺寸

單位cm

	7號	9號	11號	13號	15號
腰圍	63.5	69	75	81	87
臀圍	92	96	102	108	114
裙長	66.5	67	67.5	68	68.5

裁布重點

如果是使用一般的拉鍊，請在後中心加上1.5公分的縫份
後再裁剪。

縫製前的準備

★在前後貼邊貼上黏著襯，將邊緣往內摺後處理邊端
　（P.30）。
★在口袋口、拉鍊縫製位置的縫份上貼上黏著襯條。
★在前後裙片的兩脇邊進行M（註）。

製作順序

1　縫製尖褶（P.25），倒向中心側。
2　車縫後中心（P.28）。燙開縫份。
3　縫上拉鍊（P.28）。
4　保留口袋口不縫，車縫脇邊（P.36）。
5　接縫口袋（P.36）。
6　接縫貼邊（P.30）。
7　下襬三摺邊車縫（P.59）。
8　縫上鉤釦（P.95）。
★在固定一般的拉鍊時，在步驟3前車縫脇線，接縫貼邊
　（P.31）。

註：M是「在縫份上進行Z字形車縫或拷克」的簡稱。

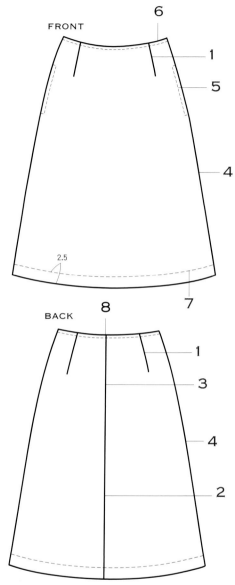

[裁布圖]

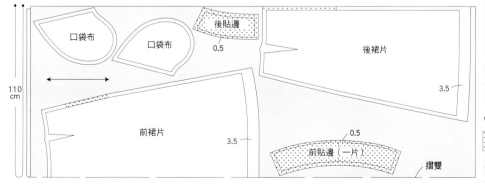

*除了特別註明之外，縫份一律為1cm。　▨為黏著襯。

BASIC
Yoke skirt
STYLE

2

▤ 材　料

寬110cm Liberty Print印花布：7至11號　1.9m／13、15號　2m
寬90cm黏著襯：50cm
寬1.5cm黏著襯條（止伸襯布條）：70cm
寬1cm雙膠襯條：50cm
22cm的隱形拉鍊：1條
鉤釦：1組

▤ 完成尺寸

單位cm

	7號	9號	11號	13號	15號
腰圍	63.5	69	75	81	87
裙長	68.5	68.5	68.5	68.5	68.5
裙襬寬	172	180	188	200	212

▤ 裁布重點

如果是使用一般的拉鍊，請在後中心加上1.5公分的縫份後再裁剪。
因為裙子部分的布為四方形，所以直接在布料上標示尺寸後裁剪即
可。

▤ 縫製前的準備

★在前後貼邊貼上黏著襯。
★在口袋口、拉鍊縫製位置的縫份上貼上黏著襯條。
★在前後裙片的兩脇邊進行M（註）。

▤ 製作順序

1　在前裙片抽細褶，接縫剪接片（P.23・24）。
2　在後裙片抽細褶，接縫剪接片（P.23・24）。
3　車縫後中心線（P.28）。燙開縫份。
4　縫上拉鍊（P.28）。
5　車縫脇邊，縫上口袋（P.36）。
6　接縫貼邊（P.30），沿完成線摺疊邊緣，從正面車縫壓線。
　　下襬三摺邊車縫（P.59）。
7　縫上鉤釦（P.95）。
8　在固定一般的拉鍊時，在步驟4前車縫脇邊，接縫貼邊（P.31）。

註：M是「在縫份上進行Z字形車縫或拷克」的簡稱。

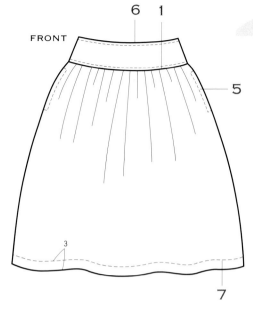

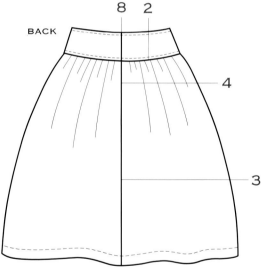

[裁布圖]

＊除了特別註明之外，縫份一律為1cm。

▦ 為黏著襯。

BASIC
One-piece
STYLE

▤ 材　料

寬110cm格紋薄棉布：7至11號　2.5m／13．15號　2.7m
寬90cm黏著襯：50cm

▤ 完成尺寸

單位cm

	7號	9號	11號	13號	15號
胸圍	92	96	101	106	111
腰圍	90	94	99	104	109
臀圍	101	105	110	115	120
衣長	96	96.5	97	97.5	98

▤ 裁布重點

因為此款的裙子部分是採斜裁方式，所以請仔細確認布紋。

▤ 縫製前的準備

★在前後貼邊貼上黏著襯。
★前後貼邊的邊緣進行M（註）。

▤ 製作順序

1　在前衣身抽細褶，與前裙片縫合（P.24）。兩片縫份一起進行M。
2　將後衣身與後裙片縫合，兩片縫份一起進行M。
3　分別車縫衣身與貼邊的肩線部分（P.32）。燙開縫份。
4　車縫衣身與貼邊的領圍，翻回正面後車縫壓線（P.32）。
5　車縫衣身與貼邊的左袖襱，翻回正面（P.33）。
6　車縫衣身與貼邊的右袖襱，翻回正面（P.34）。
7　車縫貼邊與衣身的脇邊至下襬（P.34）。兩片縫份一起進行M。
8　下襬三摺邊車縫（P.59）。
9　在袖襱車縫壓線。

註：M是「在縫份上進行Z字形車縫或拷克」的簡稱。

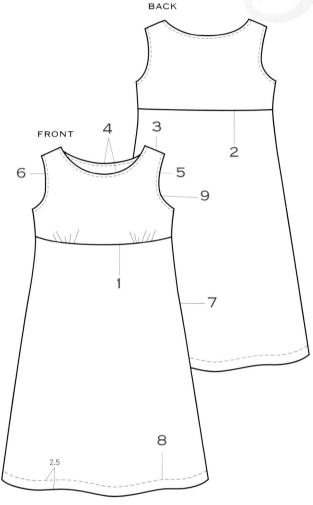

BACK

FRONT

[裁布圖]

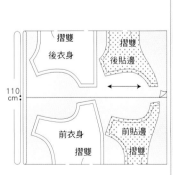

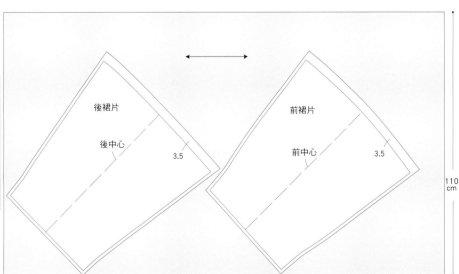

＊除了特別註明之外，縫份一律為1cm。

░░ 為黏著襯。

BASIC
Cap sleeve Blouse
STYLE
4

📖 材　料

寬110cm圓點印花布：7至11號　1.6m／13．15號　1.8m
寬90cm黏著襯：30cm

📖 完成尺寸

單位cm

	7號	9號	11號	13號	15號
胸圍	92	96	101	106	111
腰圍	90	94	99	104	109
臀圍	101	105	110	115	120
衣長	67.5	68	68.5	69	69.5

📖 縫製前的準備

★在前後貼邊貼上黏著襯。
★在前後貼邊的邊緣進行M（註）。

📖 製作順序

1　在前上衣身抽細褶，與前下衣身縫合（P.24）。
　　兩片縫份一起進行M。
2　分別車縫衣身與貼邊的肩線部分（P.32）。
　　燙開縫份。
3　將袖口三摺邊車縫，在袖山上抽細褶，縫在衣身
　　上。
4　車縫衣身與貼邊的領圍，翻回正面後車縫壓線
　　（P.32）。
5　車縫衣身與貼邊的左袖襱，翻回正面（P.33）。
6　車縫衣身與貼邊的右袖襱，翻回正面（P.34）。
7　車縫貼邊與衣身的脇邊至下襬（P.34）。兩片縫
　　份一起進行M。
8　下襬三摺邊車縫（P.59）。
9　在袖襱車縫壓線。

註：M是「在縫份上進行Z字形車縫或拷克」的簡
　　稱。

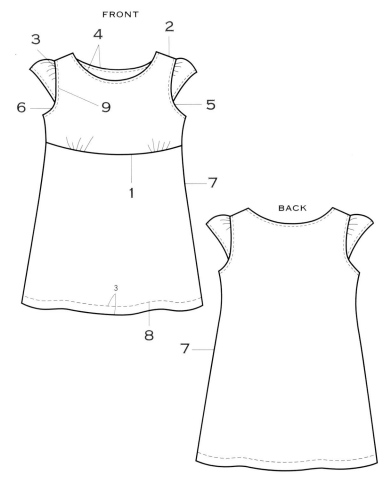

[裁布圖]

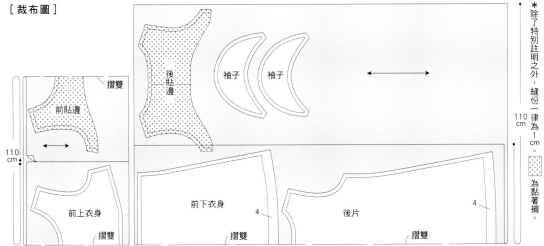

＊除了特別註明之外，縫份一律為1cm。

▦ 為黏著襯。

BASIC
Shirt one-piece
STYLE

5

▤ 材　料

寬110cm刺繡棉布：7至11號　2.5m／13・15號　2.7m
寬90cm黏著襯：1.1m
直徑1.5cm的鈕釦：10個

▤ 完成尺寸

單位cm

	7號	9號	11號	13號	15號
胸圍	114	118	123	128	133
袖長	25.6	26	26.3	26.7	27
衣長	106	106.5	107	107.5	108

▤ 縫製前的準備

★在貼邊、表領、袖口布貼上黏著襯。
★貼邊邊緣摺0.5cm，進行M（註）。

▤ 製作順序

1　將前剪接與抽完細褶的前衣身縫合（P.24），
　　從正面車縫壓線。兩片縫份一起進行M。
2　將後剪接與抽完細褶的後衣身縫合（P.24），
　　從正面車縫壓線。兩片縫份一起進行M。
3　車縫肩線。兩片縫份一起進行M。
4　縫上貼邊（P.43・P.44）。
5　製作領子並接縫（P.42至P.44）。
6　縫上袖子（P.35）。兩片縫份一起進行M。
7　續縫袖下、脇線。兩片縫份一起進行M。
8　在袖口抽細褶，縫上袖口布（P.80）。
9　下襬三摺邊車縫（P.45・P.59）。
10　在前端車縫壓線。
11　開釦眼，縫上鈕釦（P.92・P.95）。
12　將2條綁帶正面相對縫合，翻回正面後車縫壓
　　線。

註：M是「在縫份上進行Z字形車縫或拷克」的簡
　　稱。

綁帶的製作方法

翻回正面

將兩端往內摺，車縫壓線。

FRONT

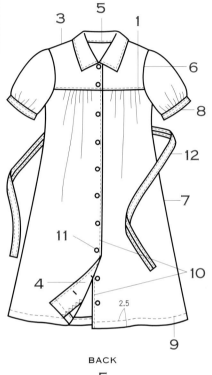

BACK

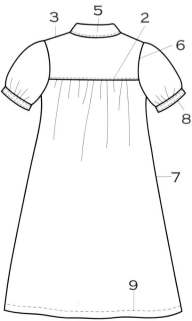

[裁布圖]

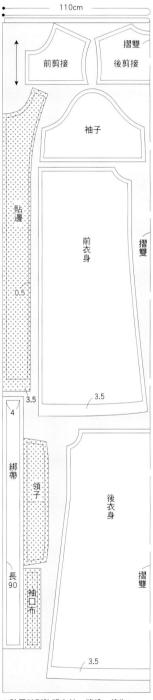

摺雙
前剪接　　後剪接
袖子
貼邊
前衣身
摺雙
0.5
領子
後衣身
摺雙
綁帶
長90
袖口布
110cm
2.5
3.5
3.5
3.5
4

＊除了特別註明之外，縫份一律為1cm。
░ 為黏著襯。

BASIC
Shirt
STYLE
6

▤ 材　料

寬110cm棉布：7至11號　1.4m／13・15號　1.7m
白色薄府綢（領子・袖口布）：55 × 40cm
寬90cm黏著襯：50cm
直徑1.3cm的鈕釦：7個

▤ 成品尺寸

單位cm

	7號	9號	11號	13號	15號
胸圍	90	94	99	104	109
袖長	47	47.3	47.7	48	48.5
衣長	68	68.5	69	69.5	70

▤ 裁布重點

以別布裁剪領子與袖口布。

▤ 縫製前的準備

★表領、前襟短冊布、袖口布貼上黏著襯。

▤ 製作順序

1　縫上前襟短冊布（P.40・P.41）。
2　車縫肩線。兩片縫份一起進行M。
3　製作領子並接縫（P.73A）。
4　縫製袖口開叉部分（P.38）。
5　縫上袖子（P.35）。兩片縫份一起進行M。
6　續縫袖下、脇線（P.35）。兩片縫份一起進行M。
7　製作袖口布並接縫（P.39）。
8　下襬三摺邊車縫（P.59）。
9　開釦眼，縫上鈕釦（P.92・P.95）。

註：M是「在縫份上進行Z字形車縫或拷克」的簡稱。

[裁布圖]

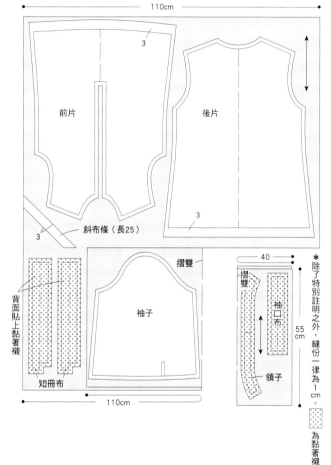

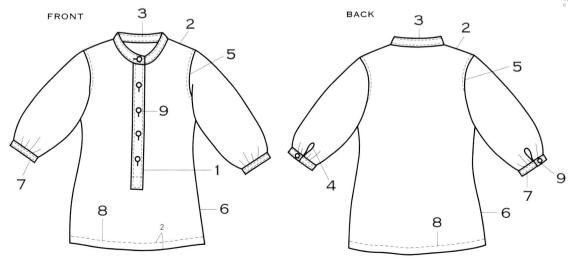

BASIC
sewing
TOOLS

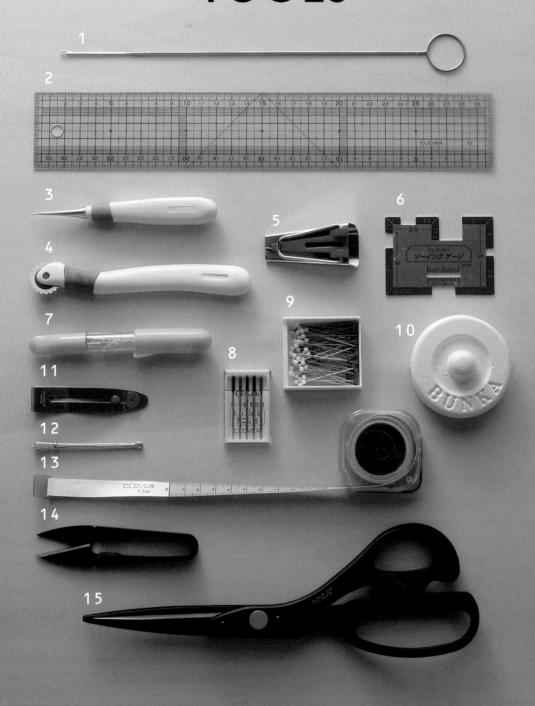

1

2

3

6

5

4

7

9

10

11

8

12

13

14

15

{ 工具 }

1 返裡針
在製作P.48的布環時，是非常便利的工具。

2 方格尺
在製作紙型或裁布時，可使用方格的線條畫出平行線，也可將尺立起測量彎弧部分，相當方便。

3 錐子
從作記號到車縫，在縫紉作業中不可或缺的工具。

4 點線器
雖然大多搭配縫紉用複寫紙使用，但也可直接以點線器在布料上作記號。

5 滾邊器
以表布共同布製作斜布條時的方便道具。有各種寬度可供選擇。

6 定規
用於想測量1cm、2cm等的情況。因為是金屬材質，所以在熨燙時也很好用。

7 粉土筆
不像粉片需要削，可以直接使用。從前端的齒輪之間跑出滑石粉的構造，可以畫出又細又一致的線條，是一種很容易使用的記號工具。

8 車針
請配合車縫線與布料，選擇粗細適中的車針。避免持續使用導致車針斷裂，在前端出現損傷時就要立即更換，可讓縫線更加美觀。

9 珠針
選擇頭較小的珠針比較容易使用。

10 紙鎮
以紙鎮固定紙型，進行裁布。

11 穿帶器（寬版）
穿入寬版的鬆緊帶時，具穩定感且容易使用的工具。

12 穿帶器
不僅是鬆緊帶，穿入繩子等繩帶類時也可使用。

13 捲尺
可以測量自己的尺寸或曲線長度，或用於確認所需的布料長度時，是縫紉作業中必備的工具。

14 紗剪
請隨時放在縫紉機的旁邊。

15 布剪
請準備整體長度約23至26cm的布剪。因為用來剪布料以外的物品會變鈍，所以請準備一把裁布專用的布剪。

{ 關於針與線 }

車縫線與車針、布料的互相配合是成品美觀與否的主要原因之一。
並不只取決於線與針、針與布、線與布之間的平衡。因為線的材質也不只一種，請事先多加了解。

車縫線

[材質的差異]
聚酯纖維 ★ 最常被使用的一種材質，可使用於大部分的布料。
尼龍 ★ 用於針織材質的布料，比聚酯纖維具有伸縮性。
絲 ★ 近年來不常被使用，在縫製絲質布料時也使用聚酯纖維線。
　　有刺繡專用的粗絲線。
棉 ★ 現在幾乎不使用。

[粗細的差異]
編號數字愈大，表示線愈細。
90號 ★ 用於車縫薄棉布或紗布等薄布料時。
60號＆50號 ★ 可用於縫合大部分的布料。
30號 ★ 想突顯縫線時使用。

車針

[線與針的搭配]
9號針 ★ 搭配90號的車縫線使用。細針。
11號針 ★ 用於縫合大部分的布料，與60號、50號的車線搭配使用。
14號針 ★ 是稍微粗一點的針，用於車縫厚料。在縫合部分使用60號＆50號的線；想要突顯縫線時，則搭配30號的線。
16號針 ★ 很粗的針。用於車縫又厚又硬的布料或帆布，可牢牢固定。使用60號、50號、30號的車縫線。

針	線	布料
9號	90號	薄棉布、紗布、絲質布、緞布等。
11號	60號　50號	薄府綢、格紋薄棉布、柔軟丹寧布、胚布、斜紋厚棉布、法蘭絨等。
14號	60號　30號	厚丹寧布、提把等。
16號	60號　50號　30號	帆布、提把等。

BASICS

Pattern & Cutting -1

A

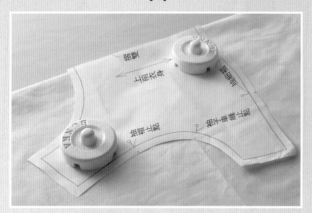

B

C

D

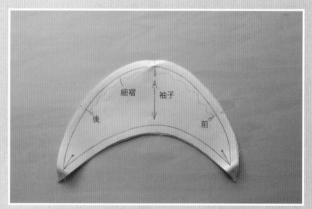

E

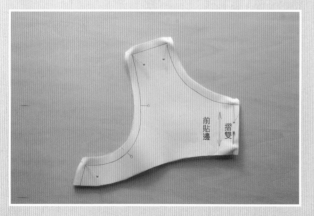

F

{ 紙型＆裁布 }

A 參照裁布圖，將畫好縫份的紙型放在布料上。此時必須將紙型的布紋線與布料布紋對齊。雖然也可以使用珠針固定，但推薦使用紙鎮。

B 沿著紙型裁布。若使用畫好縫份的紙型，可以簡單又正確的進行裁布。

C 在前後中心等處，標示著「摺雙」是表示在布料摺疊好的狀態下進行裁剪。前中心摺雙時在紙型下側稍微裁成三角形，作為合印記號。

D 因為在袖子上有與肩線位置、衣身袖襱的合印記號，所以在此部分使用剪刀的前端剪牙口（0.2至0.3cm左右的切口）備用。

E 因為貼邊是與衣身相同形狀處縫合，所以合印記號（牙口）相當重要。務必記得剪牙口。

F 裁剪黏著襯時，並不是使用紙型，而是將裁剪好的布（黏貼黏著襯的部分）代替紙型使用，比較容易裁剪。

{ 熨斗的使用方法 }

熨斗也是縫紉工具之一。可用於縫紉前的準備，像是三摺邊、貼黏著襯、
摺疊褶襇或打褶等；在車縫作業中也用於燙開或摺疊縫份，
如果沒有熨斗將無法縫製出美麗的成品。

從車縫線的邊緣摺疊。

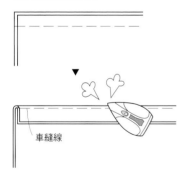

車縫線

善加利用熨斗前端。

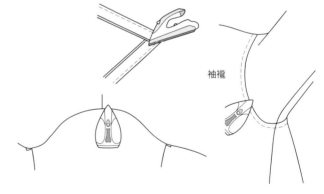

袖襱

[溫度]
遵照熨燙的標示來設定溫度。不了解布料的材質時，請先在布邊熨燙進行確認。貼黏著襯時需將溫度設定得比表布適合的溫度低。

[蒸氣熨斗]
大部分的情況下均使用蒸氣熨斗。

[墊布]
在貼黏著襯或是熨燙容易泛出光澤的布料時，需使用墊布。天鵝絨等絨布類的布料，如果使用同樣的布料當作墊布，可避免熨燙時絨毛被破壞。

[熨斗墊]
一般在家中燙衣服時所用的平坦燙衣板，雖然也可用於縫紉作業中，但在熨燙袖子等立體部分時，建議使用適合其形狀的立體燙馬比較方便。
市面上有袖子形狀的袖燙墊、適合熨燙尖褶等立體部分，或形狀像饅頭的袖饅頭等。
想要備齊上述這些燙馬也許有點困難，可以用身邊既有的物品代替。
像是將毛巾捲起，塞入袖子等圓筒狀的部分即可發揮同樣的功用。
想要整燙帽頂時，則可以將厚的毛巾放在膝蓋上熨燙。
連指手套形狀的輕巧型燙墊則適合用來熨燙細小的部分或袖襱等，相當方便。

BASICS
Pattern & Cutting - 2

〔作記號〕

尖褶或口袋縫製位置等處的作記號方法。

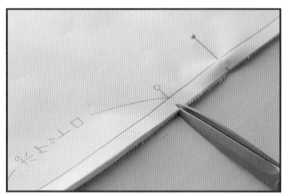

1 因為紙型上的口袋口位置或開口止點位置等均標有記號,所以需在此部分縫份上剪0.2至0.3cm的牙口。

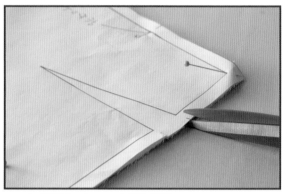

2 在尖褶部分也剪牙口,作為記號備用。

3 尖褶的前端部分以錐子戳刺作記號。製作貼式口袋時,也是以此方法作記號。

（背面）

4 移開紙型,將步驟2與3的記號連接起來,以粉土筆畫上線條（先將布料正面相對疊合）。

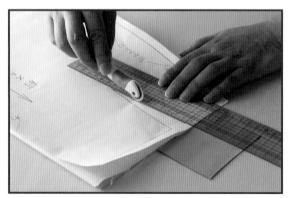

也可在紙型與布料之間夾入縫紉用複寫紙,再以點線器作記號。此時先將布料背面相對疊合。

最簡單的方法是,將紙型的尖褶部分剪下,以粉土筆沿著紙型描繪線條。

BASICS

Ready for Sewing

{縫製前的準備}

在車縫前先完成這些作業，不僅可省下麻煩，而且成品美觀。

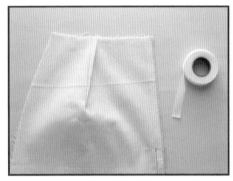

黏著襯與黏著襯條是在裁剪完＆作上記號之後才進行黏貼。在口袋口或拉鍊縫製位置上貼上黏著襯條。

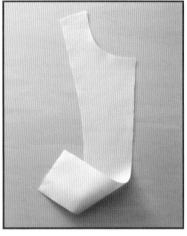

以P.18的方法，裁剪黏著襯後貼在貼邊背面。熨斗以壓燙方式燙貼，而不是左右滑動。

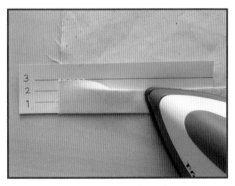

在下襬或袖口、口袋口等三摺邊或對摺處，在縫製之前先以熨斗沿完成線燙摺。依圖示製作縫份燙尺（參閱P.59）備用，相當便利。

在彎弧處的三摺邊或三褶分量的兩倍尺寸位置作上記號，將布邊與此記號對齊，以熨斗燙摺。

接下來製作三摺邊（參閱P.59）。適合製作成彎弧狀的荷葉邊或波浪裙的裙襬等。

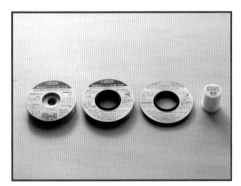

以帶狀的黏著襯條防止拉伸。雙面黏著襯條用於拉鍊縫製或織帶縫製等，代替珠針使用，可以輕鬆縫製出美觀的成品。圖片最右側的熱接著線可用於口袋縫製或細織帶縫製、修改褲腳長度時，非常方便。

將貼式口袋或口袋口的縫份沿完成線摺疊。此時若利用縫份燙尺輔助，即可輕鬆且正確的進行摺疊。

口袋口的縫份重疊多層布料，可先剪掉多餘的布料，不僅容易車縫，成品也較為美觀。

BASICS
about Sewing machine

{ 縫紉機的聰明用法 }

不擅於縫紉的手作人大多不擅長使用縫紉機，其實只要掌握一點點訣竅即可提升車縫技術。

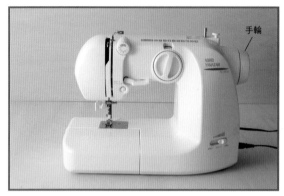

縫紉機分為附腳踏板控制與只有手動控制的機型。建議購買附腳踏板控制的縫紉機，可騰出雙手進行作業。

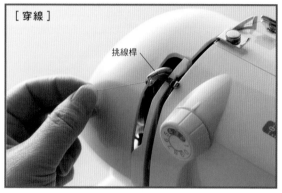

[穿線]

挑線桿

在穿線時需要注意線是否確實穿過挑線桿。這是無法車縫的原因之一，請特別留意。

[開始車縫]

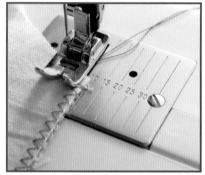

1 將上線穿過車針後，一手拿著上線，一邊用手轉動手輪，使車針落下後再抬起，即可引出下線。將這兩條線整齊放在壓布腳的後面。

2 配合縫份的寬度（在此為1cm），將布邊對齊針板上的刻度，放下壓布腳。

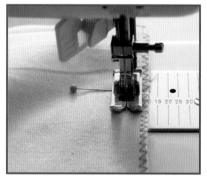

3 在始縫處有時布邊會捲入落針孔，所以請一邊拉著線，一邊開始車縫。這樣一來始縫處會比較精緻。

4 要縫合的部分以珠針固定，避免移動，珠針與縫線呈垂直，如此一來即使在上方車縫也可順利避開珠針。

5 依圖示，雙手一邊扶著布料，一邊車縫，這樣一來布料不易移動可整齊的縫合。這也是縫紉機有腳踏板的優點。

BASICS

Ready for Sewing

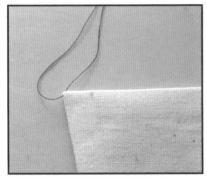
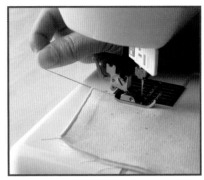

1 領子前端等細小部分的邊緣，容易捲入落針孔或無法順利縫製時，建議如圖示先將線穿過備用。

2 車縫至邊緣後，與始縫處相同，以手拉著領子前端的線，避免捲入落針孔，進行車縫。

[縫製角度]

1 縫上四方形口袋的作法。車縫至邊角後，使車針停留在布中並暫停車縫。最後的二至三針，以手轉動手輪，即可漂亮的停在邊角位置。

2 讓車針停留在布中，將壓布腳抬起。

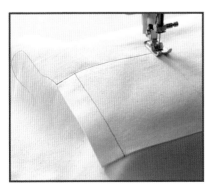
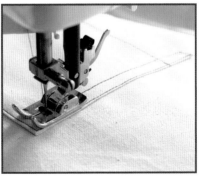

3 將布料往90度角方向轉動後，放下壓布腳，繼續車縫另一邊。開始車縫時需將車針確實刺入布料。此時也需操作手輪。

4 車縫兩道縫線時，將壓布腳的邊緣對齊一開始車好的縫線，將此條縫線當作引導線，即可輕鬆車出兩道縫線。依所需的縫線寬度不同，也可以使用針板上的線條當作引導線。

進行車縫作業時，務必將錐子放在手邊。縫製細褶時，為了使細褶平均，請一邊以錐子調整，一邊車縫。送布時為了避免位置偏離，也可以使用錐子輔助送布。

TECHNIQUE L

{ 抽細褶的方法 }

依設計不同，會在衣服上的一部分抽細褶或整體抽細褶。重點是縐褶要平均（作品2・3・4・5・6）。

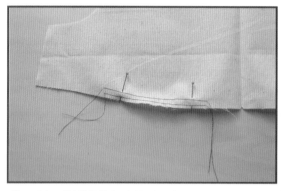

1 只有一部分抽細褶時，在縫份部分車縫（約0.4cm的粗針目車縫）兩道抽細褶用的縫線，超過抽褶止點位置2至3cm。

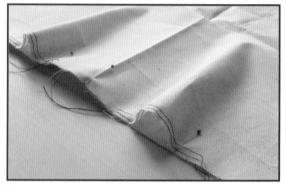

2 將抽褶止點位置與縫合部分（在此為下衣身）的合印記號對齊，以珠針固定。浮起部分為細褶分量。

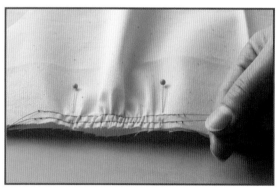

3 平均抽拉兩條縫線，縮至與縫合部分相同長度。

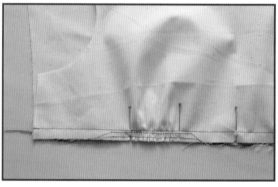

4 為了使細褶分布平均，縫合時以錐子輔助（參閱P.23）。縫份兩片一起進行Z字形車縫或拷克。

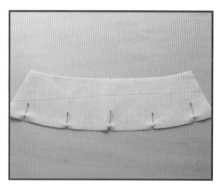

1 整體抽細褶時。將抽細褶後的部分與縫合部分（在此為剪接）的尺寸平均劃分，作上記號。

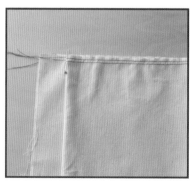

2 以粗針目車縫兩道抽細褶用的縫線。在這裡也以剪接的分割方式，平均劃分尺寸，作上記號備用。

3 將記號與記號對齊，別上珠針，抽拉縫線抽細褶。縫合方法請參閱P.23。

TECHNIQUE ▲L2

{ 尖褶的縫製方法 }

在優美的衣服輪廓中不可缺少的尖褶。大多用於腰部或衣身（作品1）。

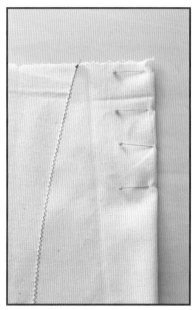

1 參閱P.20，作上記號，將布料正面相對，對齊尖褶的線，別上珠針。

2 從寬度較寬的部分（在此從腰際開始）往另一邊車縫，最後不進行回針縫，保留長約10cm的線尾，剪下。

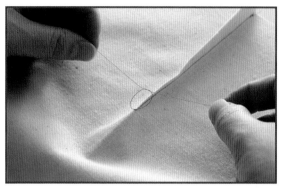

3 將線尾打結一次。

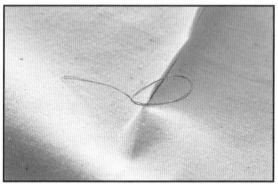

4 將兩條線打結。藉此將前端部分牢牢的固定。剪去多餘的線。

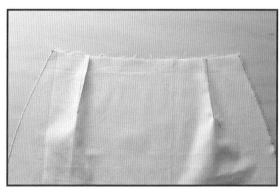

5 裙子或連身洋裝的腰部尖褶倒向中心側，胸前的尖褶則是倒向上方，進行整燙。

TECHNIQUE △L3

{ 一般拉鍊的固定方法 }

拉鍊經常被使用在裙子或連身洋裝上。塑料拉鍊比較容易安裝。
在腰部或領圍上處理貼邊時，請先參閱P.31的作法，先縫上貼邊，並先在縫份上貼上黏著襯條。

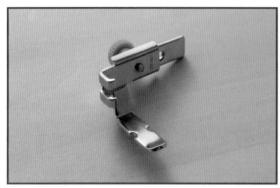

1 圖中使用方便固定拉鍊的「拉鍊壓布腳」。也可用於固定包繩滾邊時（參閱P.84）。

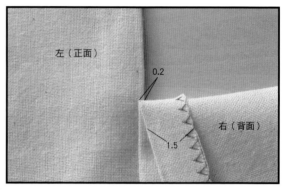

左（正面）

0.2

右（背面）

1.5

2 在縫份寬1.5cm處縫合，車縫至拉鍊開口止點。右邊的縫份沿完成線（1.5cm）、左邊的縫份依1.3cm摺疊。從正面看起來，呈現多出0.2cm的狀態。

3 在拉鍊布帶的正面貼上雙面黏著襯條（參閱P.21）。寬1cm的黏著襯條最適合。

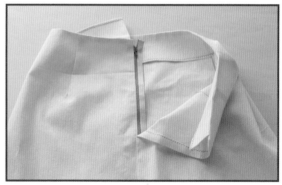

4 撕下左側的離型紙，以熨斗燙貼在左裙片上。

5 將壓布腳換成拉鍊壓布腳。落針位置是在圖中的反側。

6 將拉鍊布帶的上端摺成三角形，車縫壓線。在距離布邊0.2cm處車縫壓線。

7 拉鍊固定在左裙片上的樣子。此時縫至比開口止點更裡側，並進行回針縫。這樣一來可使成品更加牢固。

8 撕下拉鍊右側的離型紙，將拉鍊頭往上拉，以珠針將右裙片固定在完成位置。以熨斗將拉鍊燙貼在右裙片的縫份上。

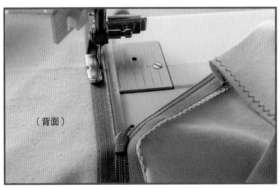

（背面）

9 將拉鍊頭往下拉，從右裙片的背面縫上拉鍊。因為車縫壓線的位置是在距邊1cm處，所以請對齊針板的刻度，進行車縫。

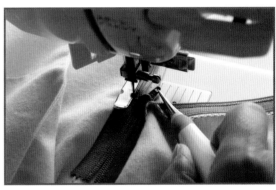

10 車縫至一半後，因為被拉鍊頭擋住，所以會變得不易車縫，請以錐子將拉鍊頭往上挑起，繼續車縫其餘部分。此時務必使車針維持在往下刺入的狀態。

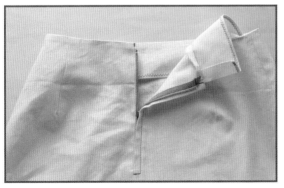

11 在開口止點重疊車縫二至三次固定。像這樣從背面車縫，不僅不容易失敗，成品也較美觀。

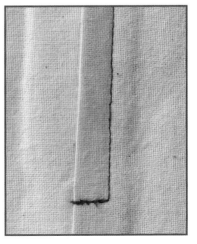

TECHNIQUE ▲L4

｛隱形拉鍊的固定方法｝

從外觀看不見的隱形拉鍊，其固定方法其實比想像中簡單（作品1＆2）。

1 為了使拉鍊齒（參閱P.65）的部分展開，以熨斗中溫熨燙。若遇高溫可能會造成拉鍊齒損壞，請特別注意。

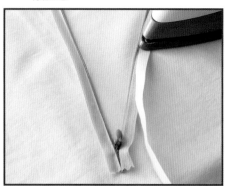

2 在拉鍊布帶的正面貼上雙面黏著襯條（參閱P.21）。寬1cm的黏著襯條較適當。

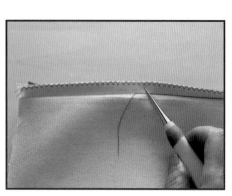

6 將在步驟**3**中縫合的拉鍊固定部分的縫線拆開。使用錐子較為方便。

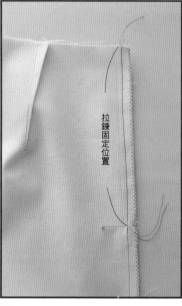

拉鍊固定位置

3 以熨斗將黏著襯條燙貼在拉鍊固定位置上，縫份進行Z字形車縫或拷克。縫合至拉鍊固定位置，進行回針縫後，將線剪斷，再次以粗針目縫合。

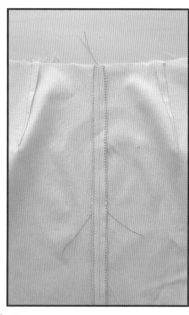

4 以熨斗燙開縫合後的部分。在此確實燙開，可以使隱形拉鍊縫得既整齊又美觀。

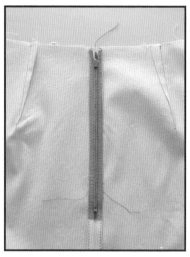

5 撕下雙面黏著襯條的離型紙，在拉鍊固定位置上以熨斗燙貼在開口止點後方1cm的位置。將拉鍊布帶前端與縫份邊緣對齊，拉鍊即可縫在正確的位置上。

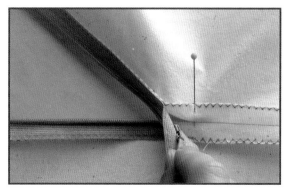 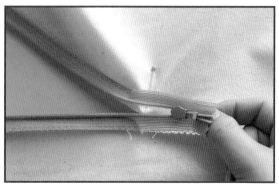

7 如步驟5中所說明的，拉鍊並不是黏貼至開口止點位置，而是在其後側1cm左右處。將拉鍊頭從這之間拉下。

 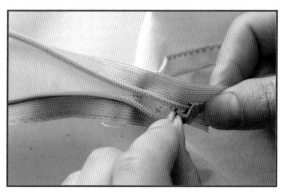

8 將壓布腳換成拉鍊壓布腳，車縫至開口止點。使車針落在拉鍊齒的邊緣。車縫另一邊時，車針則落在壓布腳的右側。

9 縫上拉鍊後，將拉鍊頭往上拉。

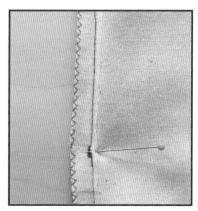 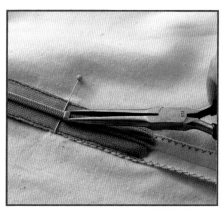

10 照片中是拉鍊固定後的位置。確實的車縫至開口止點。

11 將拉鍊布帶邊端縫在縫份上後，將拉鍊下止移動至開口止點，以尖嘴鉗夾緊固定，使其無法再移動。

TECHNIQUE L5

{貼邊的固定方法（隱形拉鍊的開口部分）}

縫上隱形拉鍊後，在左右兩邊縫上貼邊（作品1&2）。

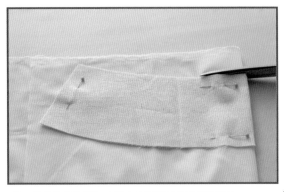

1 貼邊貼上黏著襯。以表布代替紙型直接裁剪黏著襯。

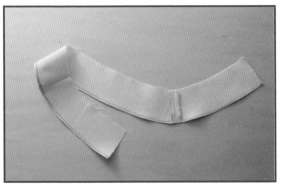

2 在貼黏著襯之前，先將前貼邊與後貼邊縫合，燙開縫份。將貼邊兩端往內摺0.5cm，進行Z字形車縫，或是不摺疊進行拷克處理。使用厚布料時則在布邊車縫。

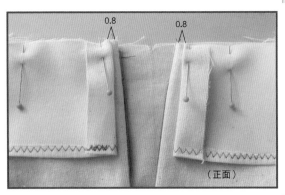

0.8　　　0.8

（正面）

3 以珠針將貼邊正面相對，固定在距離縫上隱形拉鍊0.8cm的地方。將貼邊邊緣往內摺。

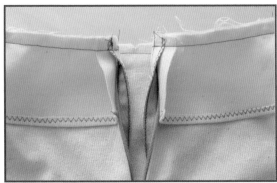

4 將縫上拉鍊的縫份翻摺至正面，縫合（在此為裙腰。連身洋裝時則為領圍）。

5 將邊角的縫份裁成三角形。布料重疊處，尤其因為拉鍊布帶較硬，所以盡量將多餘的部分剪除，成品會更俐落。

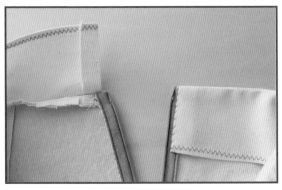

6 在腰部彎弧處的縫份上剪牙口，以熨斗燙摺（參閱P.32），將貼邊翻至正面。往內摺的布邊部分則以藏針縫在拉鍊布帶上。

{ 貼邊的固定方法（一般拉鍊的開口部分）}

在縫上拉鍊之前，先縫上貼邊。左右兩邊的尺寸差異是重點。

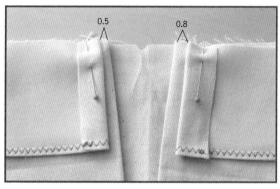

1 以P.26步驟**2**的作法，摺疊拉鍊開口部分的縫份（貼邊的作法與P.30相同）。左邊的貼邊邊緣距離開口部分的邊緣0.5cm、右邊則距離0.8cm。

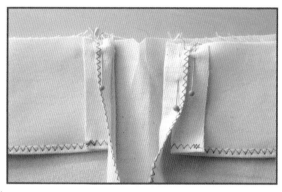

2 將開口部分的縫份翻摺，與貼邊重疊。在固定拉鍊部分的縫份上，如P.28的步驟**3**般貼上黏著襯條備用。

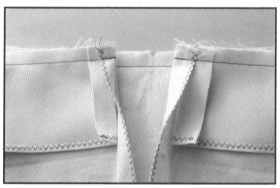

3 縫合貼邊。縫製裙子時為裙腰、縫製連身洋裝時則為領圍部分。

4 將邊角的縫份裁成三角形。盡量將布料重疊處的多餘布料剪掉。在裙腰彎弧處的縫份上剪牙口。

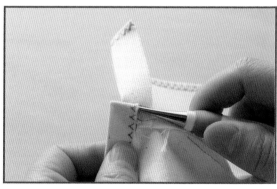

5 以熨斗整燙後，沿完成線摺疊，將貼邊翻至正面。以錐子調整邊角形狀。

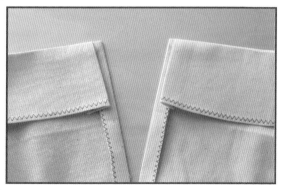

6 整齊縫上貼邊後的樣子。先完成此部分後再縫上拉鍊，成品會更加美觀。

TECHNIQUE ▲L5

{ 貼邊的固定方法（無開口的衣身）}

可一次處理領圍與袖襱的貼邊固定方法。

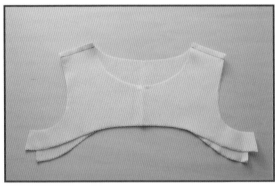

1 將貼上黏著襯後的貼邊（邊緣先進行Z字形車縫或拷克）肩線縫合。以熨斗燙開縫份。衣身的肩線也同樣縫合。

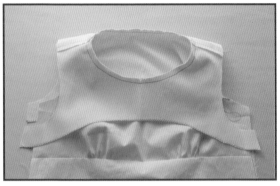

2 將衣身與貼邊正面相對重疊，分別對齊前後中心與肩線後，以珠針固定，縫合領圍。作品4的蓋肩袖上衣的袖子就在此階段縫上。

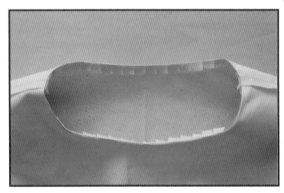

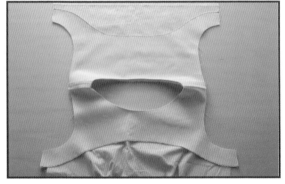

3 為了避免領圍縮縐，要在縫份上剪牙口，從縫線的邊緣以熨斗燙摺至衣身側。如果有以熨斗整齊的燙摺，就可縫製出漂亮的成品。

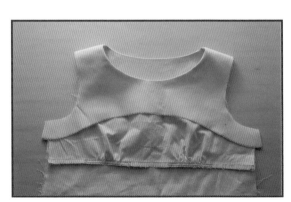

4 將貼邊翻回正面，在領圍上車縫壓線。

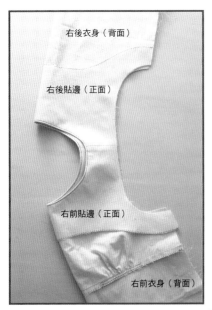

右後衣身（背面）

右後貼邊（正面）

右前貼邊（正面）

右前衣身（背面）

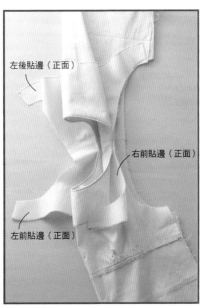

左後貼邊（正面）

右前貼邊（正面）

左前貼邊（正面）

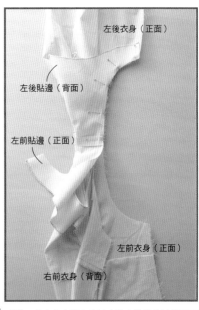

左後衣身（正面）

左後貼邊（背面）

左前貼邊（正面）

左前衣身（正面）

右前衣身（背面）

5 衣身正面相對，在前後中心對摺。

6 首先車縫衣身的袖襱。將左貼邊從下方拉出，右衣身與右貼邊的肩膀部分往中心方向翻摺。

7 將左衣身與事先拉出的左貼邊的袖襱正面相對，別上珠針。此時的右衣身呈現被夾在中間的狀態。

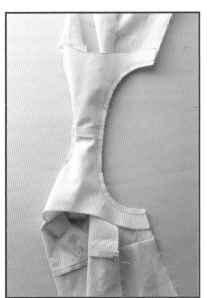

8 縫合左袖襱。此時需注意避開夾在中間的右衣身。在縫份上剪牙口，與步驟3同樣以熨斗從縫線燙摺至衣身側。

9 將手伸入貼邊的下方，拉出衣身。圖中的手所握住的是領圍部分。呈現從肩部拉出衣身時的狀態。

TECHNIQUE

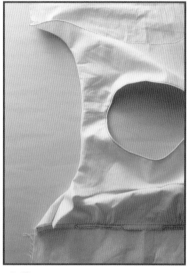

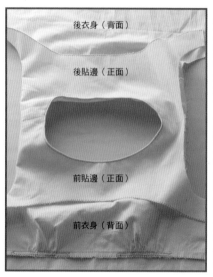

後衣身（背面）

後貼邊（正面）

前貼邊（正面）

前衣身（背面）

10 左袖襱的衣身與貼邊縫合後的狀態。右袖襱是呈現還未縫合的狀態。

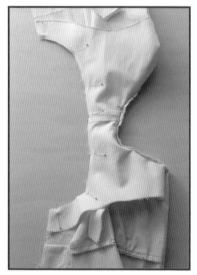

12 左右袖襱皆縫製完成，衣身與貼邊縫合後的狀態。以熨斗整燙形狀。

11 與左袖襱同樣將右貼邊袖襱與右衣身袖襱正面相對疊合，以珠針固定後縫合。在縫份上剪牙口，與左袖襱同樣翻回正面。

13 續縫貼邊與衣身的脇邊。將袖襱下方的縫份燙開車縫，完成後將會很精緻。脇邊的兩片縫份一起進行Z字形車縫或拷克。

{切口的作法}

在黏著襯上來回縫兩次的簡易開口縫製方法。
（參閱P.60）

1 以粉土筆在黏著襯的背面（背膠面）作上車縫壓線的位置（切口部分）的記號。

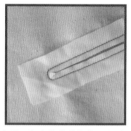

2 將背膠面朝上的黏著襯放在布料的正面，車縫固定。以剪刀剪切口。在兩端剪出Y字形的切口。

3 將黏著襯從切口處翻至表布的背面，以熨斗燙貼。

4 像是拉扯黏著襯般，注意避免讓黏著襯露出表面，從上方熨燙。最後從正面車縫壓線即完成。

TECHNIQUE ⧄ L7

{ 袖子的固定方法 }

將袖襱與袖山縫合後,車縫袖下的方法(作品5&6)。

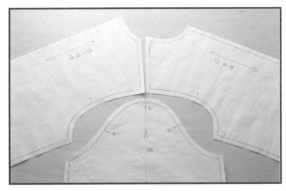

1 在袖子的紙型上,標示袖山、前袖與後袖。裁剪後,在衣身與袖子的合印記號上剪牙口(參閱P.20)。

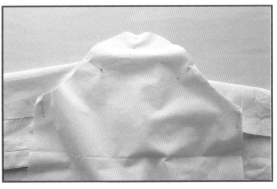

2 將衣身的肩線縫合後,衣身與袖子的肩線、袖襱的牙口與袖下分別正面相對疊合,別上珠針固定。之後,將衣身袖襱與袖山疊合,別上珠針。

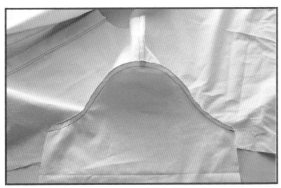

3 將袖子朝上後進行車縫。因為是縫合不同弧度的線條,所以使用錐子輔助避免位置偏離,進行車縫。縫份兩片一起進行Z字形車縫或拷克。

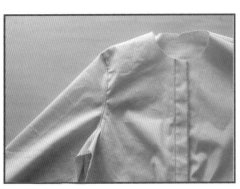

4 將縫份倒向衣身側,車縫壓線。在襯衫等袖山較低的情況,推薦使用此車縫方法。

5 續縫袖下與脇線。因為是將袖子以平放的狀態固定,所以可以輕鬆的縫上。縫份兩片一起進行Z字形車縫或拷克。

TECHNIQUE L8

{ 脇邊線口袋 }

裙子或連身洋裝等，在脇邊線出現口袋口的基本型口袋（作品1＆2）。

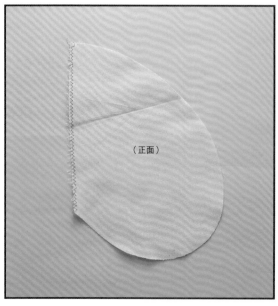

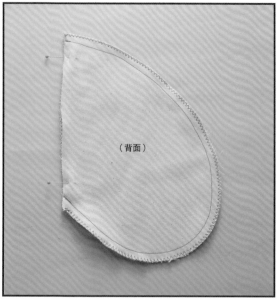

1 右側口袋的作法。首先準備兩片口袋布。於固定在後裙片（衣身）側的袋布縫份上先進行Z字形車縫。

2 將兩片口袋布的周圍（除了與裙子或衣身縫合處以外）縫合，進行Z字形車縫或拷克。在口袋口位置作上記號。

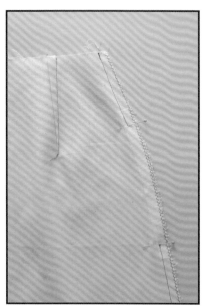

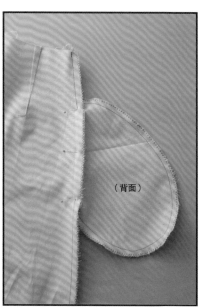

3 裙子（衣身）脇邊保留口袋口不縫，其餘部分縫合。在前口袋的縫份上貼上寬1.5cm的黏著襯條。

4 將口袋布與前裙片的口袋口正面相對疊合，以珠針固定。

5 縫合口袋口。在口袋口的始縫處與止縫處進行回針縫，牢牢固定。需注意避免將另一片口袋布一起縫入。

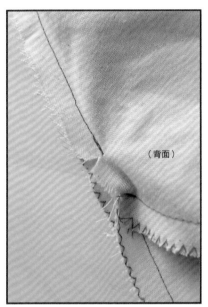

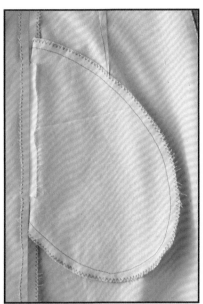

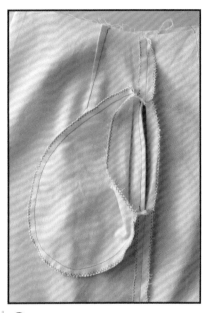

6 在口袋口止縫處的縫份上剪牙口，剪至縫線的邊緣（只在口袋布的縫份上剪牙口）。

7 燙開縫合後的口袋口縫份。上下側保留不縫的部分，重疊在裙片的縫份上。

8 像是從口袋布往裡面看般，在口袋口車縫壓線。車縫壓線的寬度在此為0.8cm。

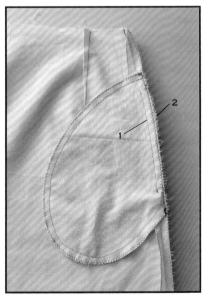

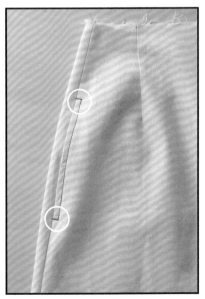

9 將另一片口袋布縫在後裙片（後衣身）的縫份上。首先將口袋口位置縫合（1），接著在縫份邊緣，將口袋布從頭至尾縫上（2）。

10 在縫上口袋布之後，從正面在口袋口的上下側來回車縫二至三次左右。

TECHNIQUE L9

{ 開叉部分的縫製方法（袖口開叉部分與袖口布固定）}

以斜布條（滾邊）處理襯衫或罩衫的袖口開叉部分，是一種既簡單又正式的方法（作品6）。

★ 開叉的縫製方法

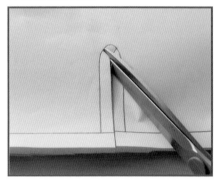

1 將紙型放在開叉部分上，剪出切口。將開叉止點剪成Y字形。

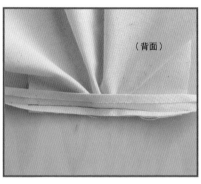

（正面）
（背面）

2 以表布共同布裁剪一條寬3cm，長邊為開叉尺寸×2＋4cm的斜布條（參閱P.46）。將上下兩邊對摺，剩下的再對摺，將開叉的切口部分攤開，將布條重疊在背面，像是連切口部分也進行車縫般，從袖側縫上。右側圖片是從袖子背面所看見的狀態。

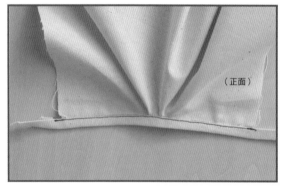

（正面）

3 將斜布條沿完成線摺疊，從正面車縫壓線。

4 開叉部分縫製完成。看見斜布條的是後袖側。前袖側是將布條往內摺入。

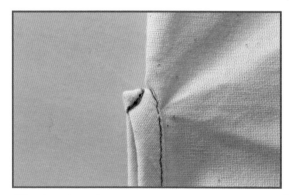

5 將布條背面的邊緣縫成三角形固定。來回車縫二至三次。

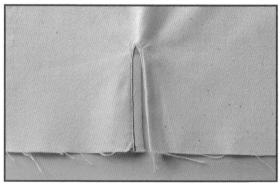

6 開叉部分完成。

★ 袖口布的接縫方法

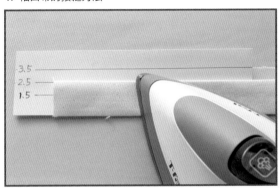

1 在整片袖口布貼上黏著襯。以熨斗對半燙摺後，將表袖口布摺成完成的寬度。可使用縫份燙尺（參閱P.59），比較方便。

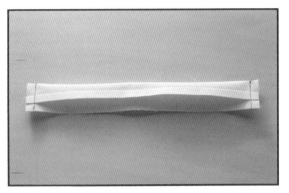

2 將表袖口布的兩端沿完成線摺疊，正面相對，將兩端縫合。

3 將縫份摺至裡袖口布側，將邊角的縫份裁成三角形，翻回正面。藉此可以縫製出既俐落又美觀的邊角。

4 在開叉部分縫製完成的袖口上，以粗針目（抽褶車縫）從距邊0.2cm與0.8cm處車縫兩道縫線。

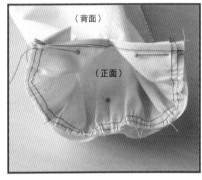

5 將裡袖口布對齊袖子背面的袖口，以珠針固定，拉緊縫線，抽褶至符合袖口的尺寸。

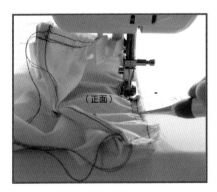

6 為了使縐褶平均，一邊以錐子輔助，一邊車縫。

7 將袖口布翻回正面，以熨斗整燙形狀。將沿完成線摺疊後的縫份以雙面黏著襯條黏貼，即可準確的縫製。以錐子整理邊角的形狀。

8 在袖口布上車縫壓線。此時與步驟6時相同，從裡面比較容易車縫壓線。開釦眼，縫上鈕釦（參閱P.92、P.95）。

TECHNIQUE LESSON L9

{ 開叉部分的縫製方法（前襟短冊布開叉）}

以前襟短冊布縫製開叉部分的方法，短冊是日本的長條詩箋紙。用於襯衫或洋裝上（作品6）。

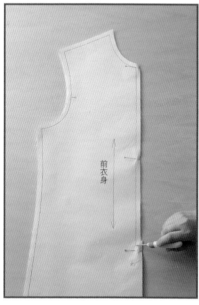

1 以錐子在衣身的前襟短冊布止縫位置上作記號。

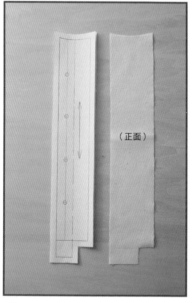

2 裁剪兩片前襟短冊布。將上前布與下前布裁剪成相同形狀。在背面整片貼上黏著襯。

3 將前襟短冊布對摺，上前布的領子接縫側往右，下前布往左，如圖示摺疊縫份。此摺線為接縫處。

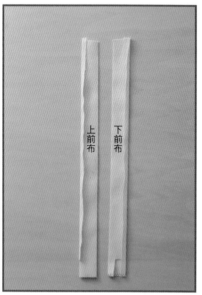

4 將剩餘的縫份重疊在步驟**3**摺疊的部分。這樣一來即可呈現出厚度的差異，即使從正面車縫壓線也不怕縫線偏離，成品更美觀。

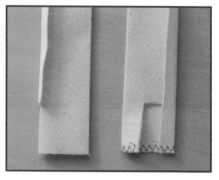

5 在下前布的下端進行Z字形車縫或拷克處理。

6 上前布的下端沿完成線摺疊。可以看出正面的前襟短冊布寬度與背面寬度的差異。

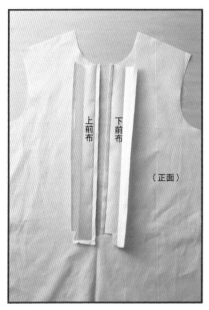

7 將在步驟3中摺好的前襟短冊布，縫在前衣身的正面。上前布的下端確實車縫至沿完成線摺疊的位置。在止縫位置進行回針縫。

8 斜剪牙口至步驟1中以錐子作上記號的位置（前襟短冊布的止縫位置）為止。

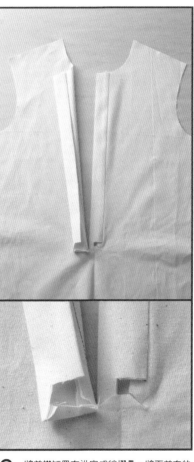

9 將前襟短冊布沿完成線摺疊。將下前布的下端放入背面，讓上前布維持露出的狀態。

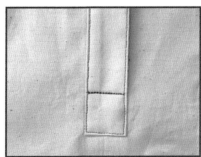

11 將上前布與下前布重疊，從開口止點位置至前襟短冊布的車縫止點，車縫壓線成四方形。在開口止點位置來回車縫。

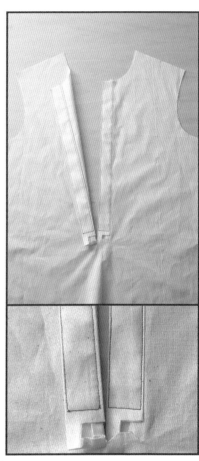

10 在前襟短冊布的正面車縫壓線至開口止點。圖中是從正面所看到的下前布。上前布是從背面看到的狀態。

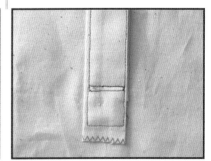

12 從背面看到的前襟短冊布完成狀態。使背面的前襟短冊布寬比正面稍微寬一些後摺疊，避免車縫位置偏移，要仔細的車縫。

TECHNIQUE ⊿L10

{ 襯衫領子的縫製方法 }

一般襯衫領子的縫製方法,可應用在各種衣服款式上的技法(作品5)。

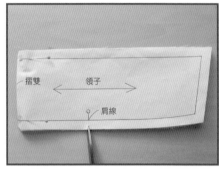

1 裁剪領子。在肩膀的合印記號上剪牙口(參閱 P.20)。後中心是將縫份裁成三角形,作為記 號(參閱P.18)。

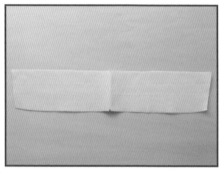

2 表領的背面全部貼上黏著襯。在後中心與肩線 位置作上記號。

7 將領子翻回正面。拇指插入邊 角,以食指壓住縫份,即可完 整的翻回正面。

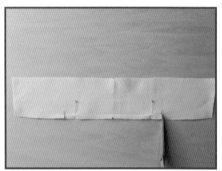

3 在表領上的肩線位置旁約2cm的前側縫份上, 剪入1cm的牙口。

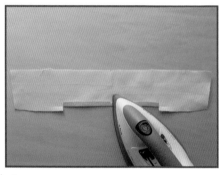

4 將牙口部分沿完成線摺疊。

8 翻回正面後,以錐子調整邊角 的形狀。此時不是直接插入邊 角,而是從距離邊角約0.5cm 的位置壓出縫份,這樣一來可 避免在調整形狀時造成邊角綻 線。

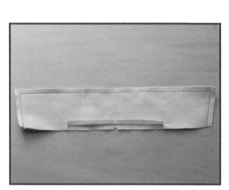

5 將裡領與表領正面相對疊合,縫合周圍。縫份 寬為1cm。

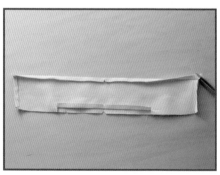

6 以熨斗將縫份從縫線的邊緣燙摺至表領側。將 邊角的縫份裁成三角形,成品會更俐落。

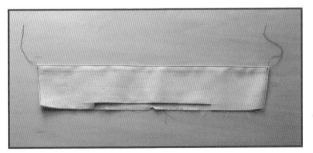

9 以熨斗整燙形狀後，在領子周圍車縫壓線。以P.23的方法車縫領子前端，完成時更精美。

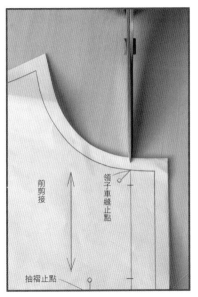

前剪接

領子車縫止點

抽褶止點

10 在衣身側作上記號。在領子車縫止點的縫份上剪牙口（參閱P.20）。

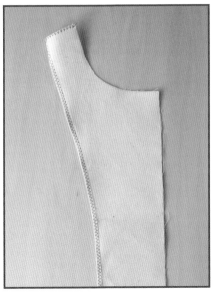

11 在貼邊的背面貼上黏著襯，邊緣往內摺0.5cm，進行Z字形車縫，或不摺邊緣直接拷克。

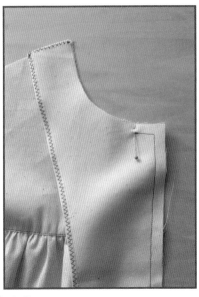

12 將貼邊縫在前衣身上。衣身與貼邊正面相對，從前端車縫至領子車縫止點為止。在始縫處與止縫處進行回針縫。

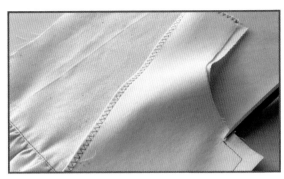

13 在領子車縫止點的縫份上剪牙口，剪至縫線的邊緣。剪牙口時需注意不要剪斷縫線，貼齊邊緣。

14 在領圍下的10cm左右範圍，以熨斗燙摺縫份，從縫線邊緣倒向衣身側。至領子車縫止點的縫份也確實摺疊邊角。

TECHNIQUE ▲ LESSON 10

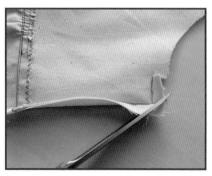

15 將邊角的縫份裁成三角形。藉此可使成品顯得俐落又美觀。

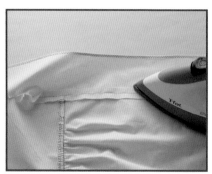

16 以熨斗燙開步驟14的10cm範圍下方的前襟縫份。整燙是完成精緻手作服的重要工作。

17 縫上貼邊後的狀態。右前衣身也同樣的縫上貼邊後，縫合後衣身與肩線，縫份兩片一起進行Z字形車縫或拷克。

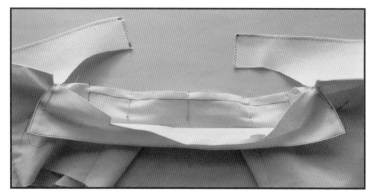

18 將裡領與衣身正面相對，以珠針固定後縫合。在後中心、肩線、前領圍的一半左右的位置別上珠針，進行車縫。

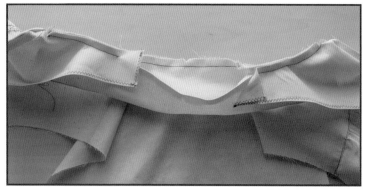

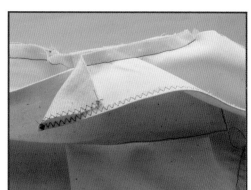

19 以貼邊夾住領子，縫合至表領的牙口位置。

20 在表領的牙口位置,也就是珠針的位置剪牙口(貼邊、裡領、衣身領圍),在剩下的縫份(後衣身領圍與裡領縫份、縫上貼邊的前領圍)上也以1cm的間距剪牙口。

21 將貼邊翻回正面,像是將後領圍的縫份放入領子裡般,覆蓋表領。若步驟20的珠針位置的牙口太淺,將無法完全覆蓋表領,請觀察覆蓋的狀態,確實的剪牙口。

1 下襬要進行三摺邊,以此完成線為標準,將布料正面相對疊合,與貼邊縫合。

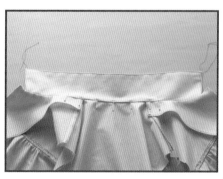

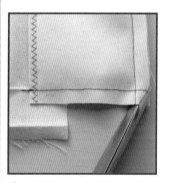

22 覆蓋表領後,以珠針固定。在後中心、肩線等也平均的別上珠針。

23 在覆蓋表領後的位置車縫壓線。在始縫處與止縫處進行回針縫。

2 如圖示,將貼邊與衣身下襬的一部分剪除。邊角裁成三角形。

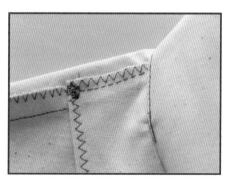

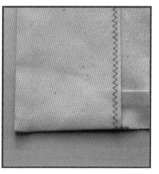

24 將貼邊緣縫在肩膀的縫份上固定。

3 將貼邊下襬沿完成線摺疊,翻回正面。

TECHNIQUE

{ 斜布條的作法 & 使用方法 }

代替滾邊或貼邊使用的斜布條，使用起來很方便。比起市售的布條，以共同布製作的斜布條更容易使用（作品6）。

★ 作法

1 與布紋呈45度角的稱為斜紋。將方格尺放在與布邊呈45度角的位置上。以尺上寬5cm的長度與尺的邊角來對齊布邊，即呈45度角。

2 使用方格尺，畫出所需寬度的平行線。在製作寬1.2cm的斜布條時，需裁剪為寬2.5cm；製作寬1.8cm的布條時則裁剪成3.5cm寬。

★ 斜布條處理

1 斜布條不另加縫份。將衣身背面邊緣與布條端對齊，車縫右側的摺線。始縫處的布條約摺疊1cm左右。

2 彎弧處（內凹曲線）稍微拉住布條車縫，接縫成環狀。

3 為了製作所需的布條長度，有時需要接縫。將接縫處的布紋縱向（或橫向）對齊。

4 布條正面相對，在寬0.5cm處縫合。此時需注意避免布條上的始縫處與止縫處的位置偏移。

3 在彎弧縮縐的部分，如圖示將布條往上抬起的感覺，即可變得美觀。

4 將布條翻回正面，一邊以熨斗整燙形狀，一邊以熱接著線黏合。作好這些事前準備，車縫時將會輕鬆不少。

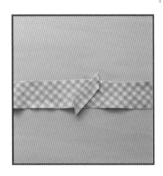

5 燙開縫份，剪去多餘的部分。雖然這樣就可以使用，但像市售的布條般摺疊兩端會比較方便。

6 將布條穿入滾邊器，一邊拉滾邊器，一邊燙摺縫份。市售的滾邊器有寬1.2cm、1.8cm、2.5cm可供選擇。

5 從布條的正面邊緣車縫。因為已黏合，所以不需要別上珠針固定，可以很容易地車縫。

6 滾邊完成。此技法不僅用於衣服上，在製作小物時也經常使用。

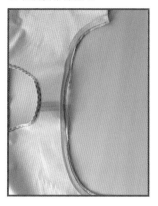

1 因為是代替貼邊使用的方法，所以在接縫部分另加0.5cm的縫份後裁剪，從衣身正面縫上布條。布條邊緣（在圖中是左端）沿著衣身，稍微拉伸縫上。彎弧部分的布條縫份會像圖片中呈現像波浪般的感覺。

2 在彎弧部分的縫份上剪牙口。

1 製作裡層斜布條經常發生的失誤，就像圖中的成品。表布縮縐，一點也不美觀。

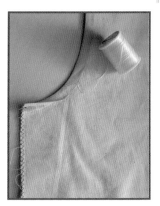

3 將布條翻回正面，以熨斗沿完成線燙摺。為了避免彎弧處拉伸，使其與衣身布貼合，以熱接著線黏合。這樣一來，車縫作業將會簡單許多，成品也更精美。

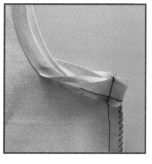

4 只要將布條一端與脇邊一起縫合，袖襱下方會變得俐落又好看。

5 車縫壓線後即完成。可運用於貼邊布不足時的方便技法。

2 布條端未沿著衣身，而是配合袖襱的縫份彎弧縫合（上方圖片），將布條翻回正面時，布條會往外突出（下方圖片）。這樣的縫法，成品就會變成上面第一張圖的樣貌。

TECHNIQUE L12

{ 布環的作法 }

製作成鈕釦布環或中國繩結釦等，布環的用途比想像中廣，也是以斜布條製作而成。

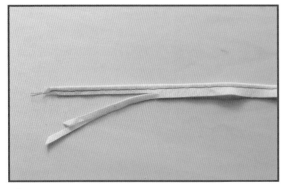

1 將裁剪成寬2.5cm的斜布條（長度比所需長度長）對摺，依需要在寬0.3至0.5cm處車縫。將縫份剪至0.3cm左右。

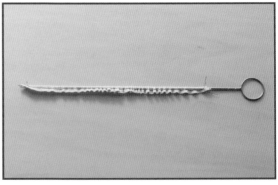

2 將返裡針插入布條。

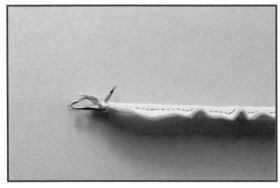

3 因為返裡針的前端附有鉤子，所以將此鉤子如圖般鉤住布條的布端。

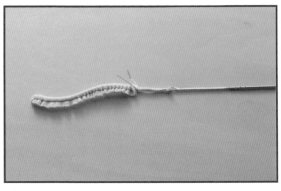

4 一邊注意避免布端脫離鉤子，一邊將返裡針拉出，使布條前端在裡面翻過來。待布環翻過來的部分被鉤出後，即可移除返裡針。

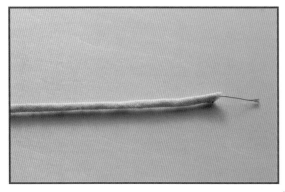

5 將布環全部翻過來的樣子。剪下鈕釦布環所需的長度使用。

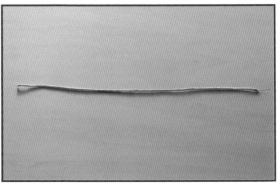

6 在製作P.93的中國繩結釦時，是在裡面穿入兩條並太毛線製作。

BASICS
TECHNIQUE

{ 紙型與裁布 }

★ 布寬

布料有各種寬度可供選擇。棉布的布寬一般為110cm至112cm，有時也會有90cm寬的棉布。羊毛布一般為142cm寬、進口亞麻布或傢飾布則有約180cm的寬幅可供選擇。家庭縫紉用的布料大致上為110cm至112cm寬，因為如果布寬太窄，可能會與書中的尺寸不符，所以在購買前請仔細確認。

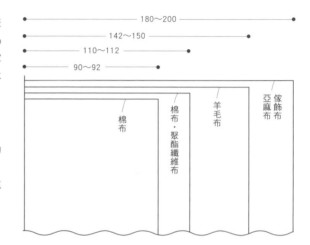

★ 布的種類

布料大致可分為天然纖維與化學纖維製成的布。天然纖維的布料包括棉、麻、蠶絲、羊毛等，化學纖維則有聚酯纖維、尼龍等。雖然也可依織法的差異進行區分，但從處理方式這點來看，建議先了解原料的差別後再購買。

★ 整理布紋

一般不常聽到的程序，因為以前的棉布常發生收縮的情形，所以必須先將布料清洗一次，使其收縮後，再整理布紋（布料的紋路）。雖然近年來幾乎已不再需要進行此作業，但像亞麻布或進口棉布等還是會有收縮的情形，因此還是必須進行防縮處理。剪刀與布邊呈直角，也就是沿著橫線（緯線）的情況下卻無法順利裁剪時，就是因為布紋歪斜，此時請將布料放入洗衣機洗滌，用手拉平布料，整理布紋。藉由洗滌來有效整理布紋。

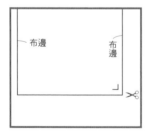

必須進行防縮處理的布料。

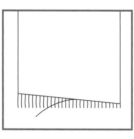

一抽出橫線，即呈現歪斜狀態。

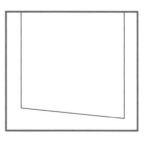

沿著橫線裁剪。

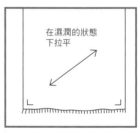

洗滌後，使邊角呈直角狀態，用手拉平布料，整理布紋。

{ 關於襯布 }

雖然從表面看不見，但卻是縫紉時不可或缺的重要材料。
藉由貼襯，不僅可保持作品的形狀，也會變得更牢固。
像是貼在固定鈕釦或開釦眼的襯衫貼邊上、袖口布上等，這是為了達到補強的目的與整理形狀，
也有防止拉鍊開口部分伸長、防止口袋口伸長與補強等作用。

★ 種類

棱織襯⋯⋯⋯⋯⋯ 在布上有黏著劑的黏著襯。
　　　　　　　　布條狀的一般為此類型。

不織布襯⋯⋯⋯⋯ 用於包包或帽子的帽沿等。
　　　　　　　　可確實維持作品的形狀。

針織襯⋯⋯⋯⋯⋯ 在織片上有黏著劑，雖然是針織布料用的黏著襯，
　　　　　　　　但因為厚度薄，所以也推薦用於一般的布料上。

★ 黏合方法

熨斗的燙貼方式⋯⋯ 黏合時，如右圖般以熨斗壓燙黏合。
　　　　　　　　　如果以一般燙衣服的方式移動熨斗，會形成縐褶，請特別注意。

溫度⋯⋯⋯⋯⋯⋯⋯ 黏著襯一遇高溫，可能會出現收縮、熔化的情形，
　　　　　　　　　務必將蒸氣熨斗的溫度設定為中溫再進行燙貼。

★ 裁剪方法

將裁剪下來的表布代替紙型使用，進行裁剪（參閱P.18）。
使用棱織襯型的黏著襯時，需將表布與黏著襯的布紋對齊。
若表布為直布紋，黏著襯也為直布紋。

{ 測量尺寸 }

請了解自己各部位的尺寸。也許現在的
尺寸與之前不同所以要進行確認。
在選擇紙型時，請對照身體尺寸（參考
尺寸表）。
本書以下方的尺寸為基礎，製作原寸的
手作服。請配合各個作品的完成尺寸
表，決定適合自己的尺寸。

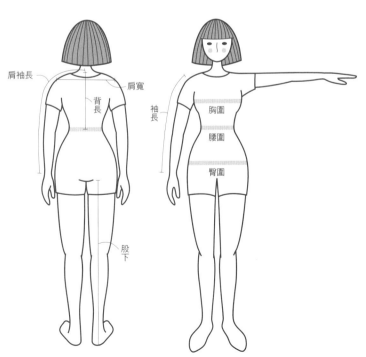

參考尺寸表　　　　　　　　　　（單位為cm）

	7號	9號	11號	13號	15號
胸圍	78	83	88	93	98
腰圍	59	64	72	78	84
臀圍	86	90	96	102	108
身高	160	160	160	160	160

BASICS

before Sewing

{ 製作符合自己尺寸的紙型 }

★ 測量手邊的衣服

　　測量紙型的裙長或褲長後，仍然不清楚尺寸是否適合自己時。此時請測量自己手邊的衣服尺寸。請將喜歡的裙長、褲長、衣長測量下來後，再確認紙型。

★ 組合成符合自己的尺寸

　　測量尺寸後的結果，舉例來說，若腰圍9號、臀圍為11號時，請選擇對應尺寸的紙型線條，將線條緩和的連接，組合成符合自己尺寸的紙型。這是靈活運用原寸紙型的方法。

★ 改變紙型加以組合，進行設計

　　因為本書中的作品3與4、作品5與6是以相同紙型變化而成，所以你也可以依照自己的喜好進行組合，製作出專屬的設計款。像是改變作品1與2的裙子拉鍊位置，或是藉由改變布紋，創造出有別於紙型的設計。也可以將作品4的袖子接縫在3上，或是將作品5與6的袖子交換、將作品6的衣長加長，使其變成長版罩衫等。

〈製作不同尺寸組合的紙型〉　　　　　　　　　〈與紙型標準長度差距較大時的長度調整〉

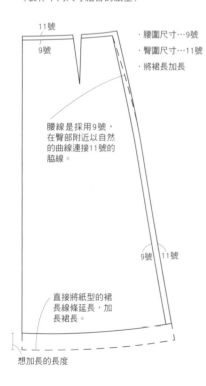

11號
9號

·腰圍尺寸…9號
·臀圍尺寸…11號
·將裙長加長

腰線是採用9號，在臀部附近以自然的曲線連接11號的脇線。

9號　11號

直接將紙型的裙長線條延長，加長裙長。

想加長的長度

＊縮短

以自然的線條連接

摺疊紙型

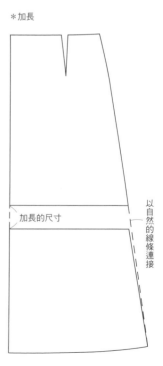

＊加長

以自然的線條連接

加長的尺寸

{ 包含縫份的紙型作法 }

將本書中的原寸紙型描繪下來後，建議加上必需的縫份，製作成方便使用的紙型。

雖然需要費一點功夫，但加上縫份後，不僅可防止製作失敗，縫合時也更簡單。

首先準備白報紙（市面上也有紙型用的捲筒式白報紙），描繪紙型。

將紙型上標示的記號、布紋線、口袋位置、開口止點位置等全部描繪在紙上。

口袋或貼邊則描繪在其他紙上，分別製作紙型。

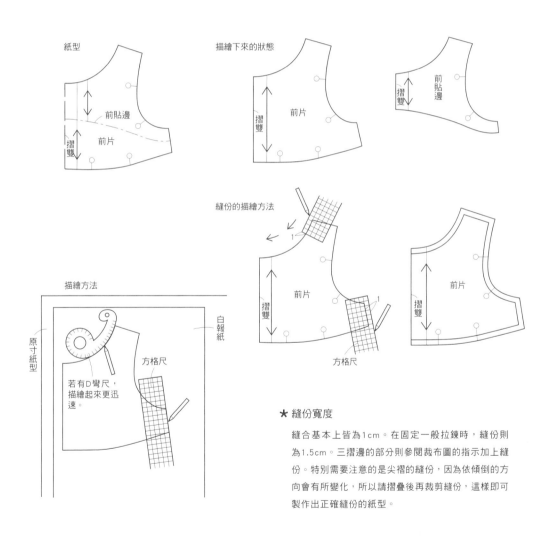

紙型　　描繪下來的狀態

描繪方法

縫份的描繪方法

★ 縫份寬度

縫合基本上皆為1cm。在固定一般拉鍊時，縫份則為1.5cm。三摺邊的部分則參閱裁布圖的指示加上縫份。特別需要注意的是尖褶的縫份，因為依傾倒的方向會有所變化，所以請摺疊後再裁剪縫份，這樣即可製作出正確縫份的紙型。

BASICS

before Sewing

{ 排布 }

將紙型放在布料上方，進行排布，此時需注意以下幾點。

★ 確實對齊布紋

為了沿著直布紋摺疊，從布邊測量紙型的寬度，仔
細的摺疊。對摺時，只要布料的紋路互相連接，即
可直接將布邊對齊後對摺。此對摺好的部分就是
「摺雙」，所以在紙型上標示有「摺雙」時，請將
此線條對齊此摺疊好的部分。因為原寸紙型中標有
布紋線，所以將紙型與布紋平行放置。

對齊布紋後摺疊　　　　　　　放上紙型

方格尺

摺雙　布紋　布邊　將紙型標示摺雙處與布料上的摺雙處對齊　布紋線　後衣身　摺雙

布料上「摺雙」的地方

★ 注意絨毛＆布料花樣的方向

在裁布之前，首先確認布料上是否有像絲絨或燈芯
絨般的絨毛，以及布料上的花樣是否有一定的方
向。在裁剪無絨毛的素面布料或沒有一定方向性的
花樣布料時，可如右圖般將紙型排滿布料，進行裁
布，但在花樣有方向性時，則需要將紙型以同一方
向裁剪。使用格紋布料時，則使衣身格紋呈左右對
稱，橫條紋也需在脇邊連接，請特別注意。

將紙型以相同方向放置

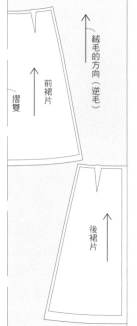

絨毛的方向（逆毛）　前裙片　摺雙　後裙片

★ 紙型的布紋

雖然布紋的方向基本上是依紙型的指示進行裁剪，
但依設計的不同，也會將直布紋當作橫布紋使用。
另外，當布不夠長時，可將剪接的布紋裁剪成直
紋，口袋布不足時，也可使用其他布料。

將紙型交錯擺放

後貼邊　前裙片　摺雙　後裙片　前貼邊

{ 裁縫用語 }

在裁縫作業中經常使用的術語。

合印記號＝牙口
為了防止縫合時位置偏移所作的記號，將記號與記號對齊後縫合。因為紙型上有此記號，請務必在布料也作上記號（P.20）。

吃針燙縮
將平面的布立體化的技法。將布料縮縫後，以蒸氣熨斗整燙製作形狀。用於袖山、後肩以及波浪狀的下襬等（P.76）。

裡層斜布條
一種將斜布條放在背面，處理布邊的方法（P.47）。

後中心
後衣身與後裙片的中心。

預留口
縫合兩片布料的周圍時，為了翻回正面，保留不縫的部分。可從此處將布料翻回正面。

完全三摺邊
完成的三摺邊寬度，與往內摺的寬度相等的作法。適合用於透明布料（P.59）。

縮縫
手指不離開針，只有移動針尖細縫的手縫方法。

逆毛
絲絨或棉絨等織物的絨毛方向由下往上（P.54）的現象。以此方向裁布，穿著時不會顯得白白的，而是具深度的色調。

捨邊端車縫
為了防止布邊綻線所車縫的縫線。

開叉式開口
衣身上的切口。用於袖口或領子開口部分（P.60）。

排布
在裁布時，為了避免浪費布料，排列紙型的作業（P.54）。

連裁貼邊
指從衣身連接裁剪的貼邊。在黏貼黏著襯時，貼至距離貼邊寬1cm左右的衣身側。

褶襉
指抓摺，是一種將平面的布裝飾成立體的技法。有時也會用於為了使布料長度或寬度變短（P.87）。

滾邊
一種處理布邊的方法，以表布共同布或別布的斜布條包裹布邊。有時也會稱為包邊（P.46）。

力布
在經常施力的部分，為了補強表布而縫在背面的襯布。也稱為補強布。

共同布斜布條
使用與表布相同的布製作而成的斜布條（P.46）。

表裡翻轉
縫製衣服的方法之一。將表、裡衣身分別縫好後，對齊縫合並保留下襬的中央不縫，從此處翻過來的作法。

縫份
縫合時必需的部分。一般雖然隱藏在裡面看不見，但有各式各樣的方法處理縫份（P.56）。

燙開縫份
在縫合後的縫份上熨燙，將縫份左右燙開（P.56）。

布紋
布料的直（經）、橫（緯）的織目。與布邊呈平行的是直布紋（P50、54）。

布紋線
在紙型上標示的箭頭記號線。因為是將此線與直布紋對齊，進行裁布，所以務必事先標記在紙型上（P.54）。

斜紋
意指傾斜。在縫紉中指布料的布紋方向。相對於直線與橫線的90度交叉，呈45度的方向。以45度裁剪下來的布料稱為正斜紋（P.46）。

貼式口袋
如名稱所示，像貼在衣服上的口袋。指在衣服的表面上，另外製作縫上的口袋（P.66）。

袋布
脇邊線口袋或剪接式口袋的口袋部分布料。也稱為口袋布（P.36）。

星止縫
名稱來自於縫線看起來像星星般的小點。用於代替車縫壓線，想牢牢縫緊時使用（P.90）。

前中心
前衣身或前裙片的中心。

貼邊
用於衣身的前端、領圍、袖口、裙子或褲子的腰部或下襬等的內側處理（P.30）。

三摺邊
一種處理布邊的方法，用於下襬或袖口等。將布邊沿完成線摺疊，約內摺1cm左右進行車縫或藏針縫（P.59）。

剪接
在衣身的背肩、胸部或裙子的腰部拼接的布料（P.7、13）。

裁雙
摺疊布料，使其形成摺雙後，進行裁布的作業。在紙型上標示摺雙的部分是對齊這條摺疊線，進行裁布（P.54）。

TECHNIQUE LESSON 13

縫份處理 ❷ 有許多處理縫份的方法，雖然是從表面看不見的部分，但如果仔細處理，會使成品更細緻喔！

一般的情況　　　　　　　　　{ 燙開縫份 }

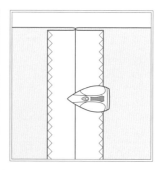

1 在縫合前，布邊進行Z字形車縫或拷克。

2 將布料正面相對疊合後車縫。

3 以熨斗燙開縫份，此作業稱為燙開縫份。

Ⓑ 想要仔細的處理縫份與容易綻線的布料時

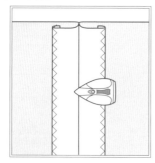

1 將布邊往內摺0.5cm，進行Z字形車縫，剪掉多餘的部分。

2 縫合後，以熨斗燙開縫份。

Ⓒ 使用佳績布或彈性布料等伸縮材質時

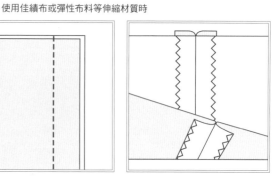

1 將布料正面相對疊合後車縫。

2 燙開縫份後，在布邊進行Z字形車縫，縫在表布上。

{ 縫份倒向一側 } 一種既簡單又牢固的縫份處理方法。

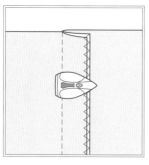
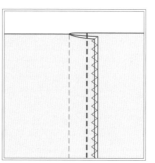
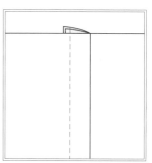

1 縫合後，將兩片縫份疊合，一起進行Z字形車縫或拷克。

2 以熨斗將縫份倒向單側。依設計，有的只需作到此步驟即可。

3 在縫份邊緣車縫壓線。

4 從正面看的樣子。可依設計，車縫兩道縫線。

{包邊縫} 因為布邊被包裹住，是一種美觀又牢固的方法。也適合用於手縫處理縫份時。

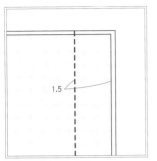 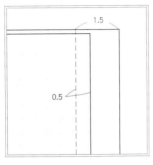 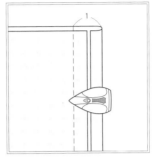 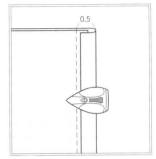

1 加上1.5cm的縫份後進行車縫。

2 將其中一邊的縫份裁剪成0.5cm。

3 將比較長的縫份往內摺，與前方較短的縫份緊貼。

＊使用薄布料時，則將縫份設定為1cm，如圖示般對摺。

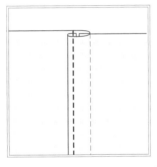 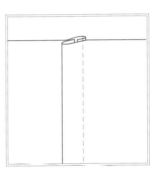 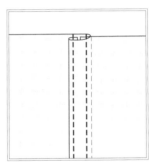

4 縫份倒向縫線側，車縫壓線。手縫時可使用繚縫。

5 從正面看到的樣子。

＊襯衫可車縫兩道縫線。

{袋縫} 建議用於薄布料的方法，也適合用於手縫處理縫份時。

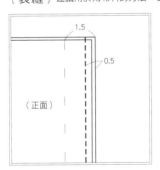 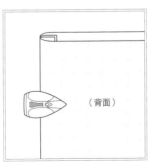 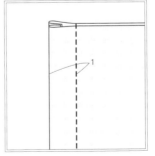 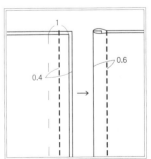

1 加上1.5cm的縫份，布料背面相對對齊，在0.5cm處縫合。

2 以熨斗沿縫線仔細的燙摺，使布料正面相對。

3 在寬1cm處縫合。

＊處理透明的薄布料時，採用1cm的縫份，以圖中的尺寸縫合。

TECHNIQUE ⊿L13 縫份處理

{ 曲線處與角度的縫份處理 }

A 內凹曲線

 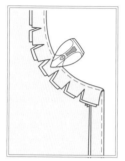 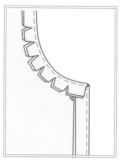

1 在領圍等曲線部分的縫份上剪牙口，將邊角裁成三角形。

2 從縫線的邊緣摺疊縫份。

3 將縫份寬裁成一半左右。

B 外凸曲線

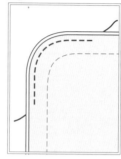 

1 縫合後，在縫份上進行縮縫，或是以粗針目車縫。

2 一邊將縫線拉緊，一邊以熨斗從縫線的邊緣燙摺。

C V領

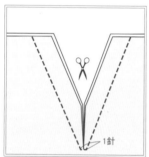 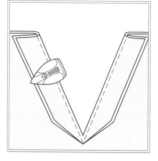 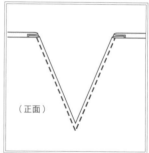

1 在邊角剪牙口，注意勿剪斷縫線。縫製V領時，可橫向車縫1針。

2 將縫份從縫線邊緣以熨斗燙摺，翻至正面。

3 車縫壓線後，即完成V領。

D 方領

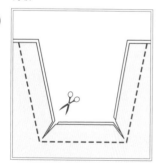  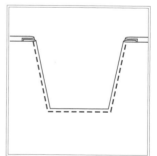

1 在邊角剪牙口，注意勿剪斷縫線。

2 從縫線邊緣以熨斗燙摺縫份，翻至正面。

3 車縫壓線後，即完成方領。

{ 三摺邊 } 下襬和袖口、腰部等的處理方法。在車縫前摺疊備用。

{ 完全三摺邊 }

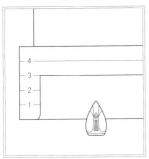

1 使用縫份燙尺，燙摺縫份（縫份寬）。

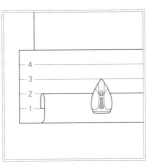

2 往內摺1cm，以熨斗整燙（成為寬2cm的三摺邊）。

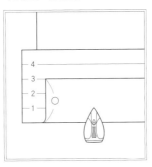

1 使用縫份燙尺，燙摺縫份（縫份寬）。

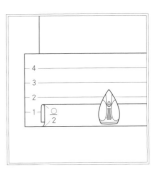

2 將往上摺好的寬度對摺，以熨斗整燙形狀。是適合用於薄布料的摺疊方法。

HINT & TIPS BOOK

縫份燙尺

在大約明信片大小的厚紙上，畫上間隔1cm的線條。以此為標準摺疊縫份，快速又方便。

{ 三捲邊 } 用於絲巾等布邊處理時。使用專門的捲布邊機器會更方便。

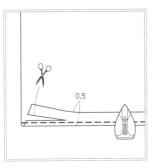

0.5

1 摺疊0.5cm，在布邊車縫，從縫線邊緣剪掉多餘的布料。

2 從步驟1裁剪後的布邊開始摺疊，車縫。

{ 雙摺邊 } 適合用於簡單處理縫份。

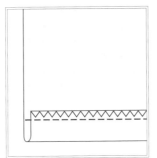

在布邊進行Z字形車縫或拷克處理，沿完成線摺疊，車縫壓線。

喬琪紗、雪紡紗等布料為了避免影響表面，可使用手縫（參閱P.91）。

TECHNIQUE ◢L 14

LESSON

開口的作法 ❸ 介紹衣身或袖口、褲子、裙子等的各種開口部分與接縫拉鍊的作法。

{ 開叉式開口 } 縫上貼邊後，簡單的開口部分處理。

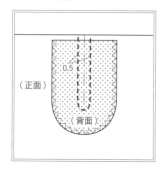 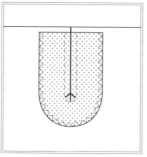  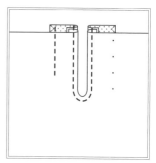

1 貼上黏著襯，以Z字形車縫處理周圍後，將貼邊正面相對疊合，如圖示般車縫。

2 剪切口，注意勿剪斷縫線，剪至縫線邊緣為止。

3 將貼邊翻至正面，以熨斗整燙形狀。

4 也可在開口部分車縫壓線，固定貼邊（可車縫或藏針縫）。

{ 穿繩口 } 使用黏著襯的簡易方法（參閱P.34＆P.83）。

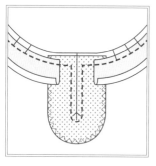 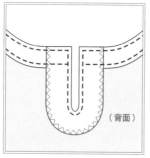 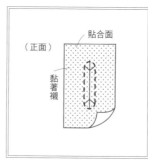 

1 搭配斜布條，進行領圍處理時，重疊布條與貼邊後車縫。剪切口方法與上述作法相同。

2 將貼邊與斜布條翻至正面，車縫壓線。此時在邊角也仔細的加以熨燙。

1 將黏著襯與固定部分正面相對疊合後車縫，剪切口。

2 將黏著襯翻至背面，以熨斗燙貼。

{ 袖口 } 7分袖的袖口或無領子的開叉式設計。

 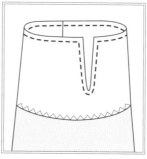

1 與貼邊車縫一圈，縫製V字形的細小開叉部分。剪切口至V字的前端，注意勿剪斷縫線。

2 將貼邊翻回正面，以熨斗整燙形狀後車縫壓線。

{ 裙子的開叉 } 窄裙的開叉。A是一般開叉、B是兩側對稱、C是以別布製作開叉。

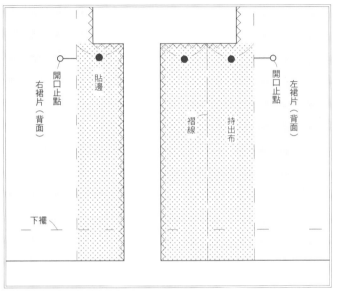

右裙片（背面）
開口止點
貼邊
褶線
持出布
左裙片（背面）
開口止點
下襬

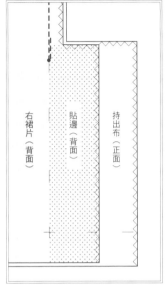

右裙片（背面）
貼邊（背面）
持出布（正面）

1 左裙片與持出布、右裙片與貼邊分別摺疊車縫後裁剪。在貼邊與持出布上貼黏著襯，布邊以Z字形車縫或拷克處理。

2 縫合至開口止點。在開口止點位置進行回針縫。

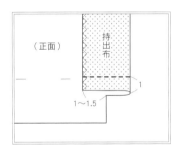

（正面）
持出布
1
1～1.5

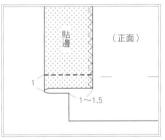

貼邊
（正面）
1
1～1.5

3 持出布與貼邊分別正面相對摺疊，車縫下襬。剪掉多餘的摺疊部分。

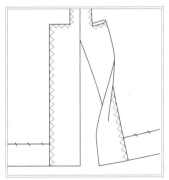

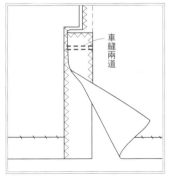

車縫兩道

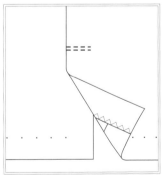

4 將貼邊與持出布翻至正面，以熨斗整燙形狀，下襬進行Z字形車縫或拷克。

5 重疊持出布與貼邊，以車縫壓線固定。不想讓縫線出現在表面時，製作至此步驟即完成。

6 從正面在開口止點上進行固定車縫。也可在步驟5直接車縫至表面。

B

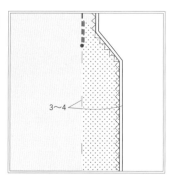

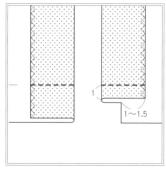

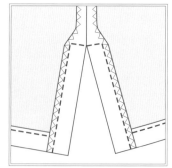

1 在開叉部分的貼邊上貼黏著襯，以Z字形車縫處理布邊。縫合至開口止點，在開口止點位置進行回針縫。

2 將貼邊正面相對對摺，車縫摺疊後的下襬。如圖示般將多餘的摺疊部分剪除。

3 貼邊翻至正面，將下襬三摺邊（或摺一褶），在下襬與開叉部分進行車縫壓線。也可以繚縫。

C

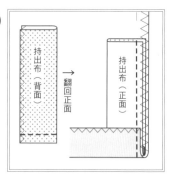

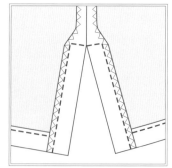

1 在持出布貼上黏著襯後對摺，車縫壓線後翻回正面，如圖示般將下襬往上摺，疊放在持出布的上方，車縫壓線。

2 將左右裙片的下襬處理完畢後，縫合至開口止點。若貼邊的布幅不足，可另外縫上別布。

3 從正面在開口止點上進行固定車縫。

{ **簡單的短冊式開口** } 比P.40所介紹的作法更簡單。也可應用在袖口開叉部分。

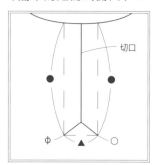

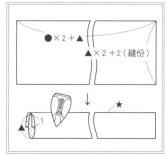

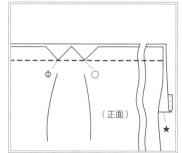

1 作上接縫的記號，剪切口。

2 縫製短冊布，貼上黏著襯，如圖示般（參閱P.40）摺疊。使★記號的褶線為正面。

3 對齊記號，從背面縫上短冊布。將牙口部分拉直縫上。

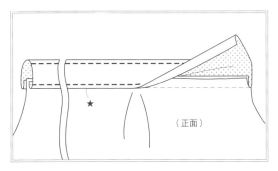

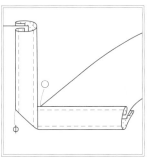

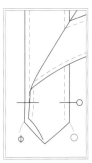

4 將短冊布翻至正面，沿完成線摺疊，在★記號的地方車縫壓線。建議以熱接著線（參閱P.21）黏合後再進行車縫壓線。

5 如圖示般將短冊布端摺疊成三角形。

6 將前端摺疊成三角形，以珠針固定。

7 車縫壓線，進行最後處理。

{開式拉鍊的固定方法} 用於夾克外套等。是一種表面看不見拉鍊齒（參閱P.65）的作法。

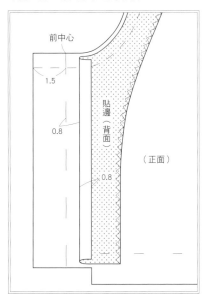

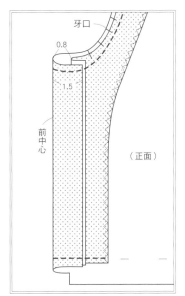

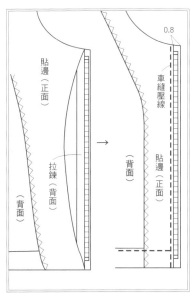

1 在貼邊與衣身的摺疊部分貼上黏著襯。如圖示般，將貼邊摺疊重疊在衣身上方。

2 如圖示般，將衣身與貼邊一起與領圍和下襬縫合。

3 將貼邊翻回正面，以熱接著線將拉鍊黏貼在拉鍊接縫位置上。如果沒有熱接著線，則以疏縫固定。將貼邊放在上方，整理形狀，車縫壓線固定。

TECHNIQUE L14 開口的作法

{ 褲子的拉鍊開口 } 縫上持出布後的拉鍊固定方法。

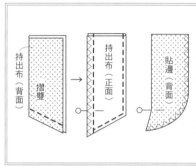

1 準備持出布與貼邊，分別貼上黏著襯。在開口止點位置作上記號。

2 對齊持出布的布邊，將拉鍊車縫至開口止點為止。在拉鍊布條上事先貼上雙面黏著襯條（參閱P.26）。建議使用較長的塑料製拉鍊，比較容易固定。

3 在固定持出布的縫份（寬1cm）的開口止點上剪0.8cm的牙口。

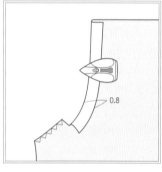

4 在剪入牙口的部分，以熨斗燙摺縫份0.8cm。

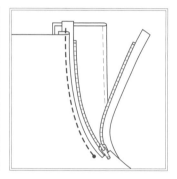

5 將縫上拉鍊的持出布放在背面，從正面車縫壓線。建議使用拉鍊壓布腳（參閱P.26），成品比較美觀。

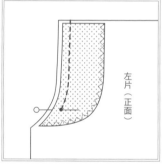

6 將貼邊車縫至開口止點位置。此處的縫份寬度為1cm。

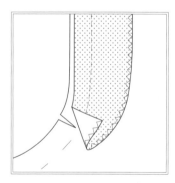

7 在開口止點位置的褲子縫份上剪牙口。

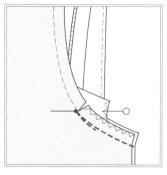

8 將左右褲片的股上部分縫至開口止點，避開貼邊與持出布。在始縫處與止縫處，尤其在開口止點進行回針縫，成品會更加牢固。

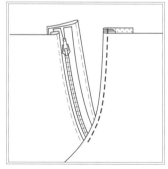

9 在縫上左褲片的貼邊部分，車縫壓線至開口止點位置。

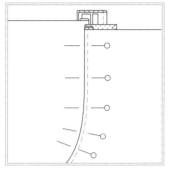

10 拉上拉鍊，將左褲片布邊像是覆蓋步驟5的持出布縫線般重疊，以珠針固定。

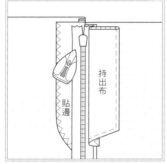

11 避開持出布，將拉鍊布帶黏貼在貼邊上。若不使用雙面黏著襯條，則以珠針固定在貼邊上，進行疏縫。

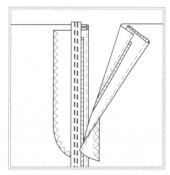

12 避免與表布一起車縫，只將拉鍊固定在貼邊上。

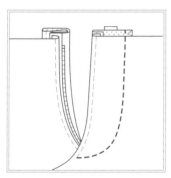

13 將貼邊縫在左褲片上。此時可能會連同持出布一起縫入，請特別注意。

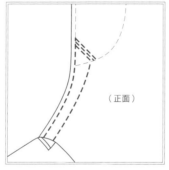

14 拉上拉鍊後，將股上縫份倒向一側，在此部分進行車縫壓線。此時也將持出布一起車縫固定。

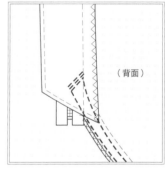

15 從背面看到的樣子。若使用較長的拉鍊，則需剪掉多餘的部分。開口止點的固定車縫是進行三次左右的回針縫。

﹛拉鍊的種類與各部位名稱﹜

拉鍊依型態與材質不同，分成許多種類。
＊閉式拉鍊與開式拉鍊
被使用於褲子或裙子上的是閉式拉鍊。閉式拉鍊中又分為可看見拉鍊齒與看不見拉鍊齒的隱形拉鍊。開式拉鍊則常被用於夾克外套，拉開時兩邊拉鍊齒可完全分離。

＊拉鍊齒的材質
拉鍊齒的材質大致上可分為金屬製與塑料製。在塑料中又有VISLON、COIL等各種材質，因為也有不耐熱的材質，所以請鋪上墊布後再以熨斗熨燙。一般質地柔軟又容易固定的材質即為塑料製。

＊拉鍊尺寸
使用金屬製的拉鍊齒或開式拉鍊時，可自行修改或是拿至店家修改，但在使用Flat Knit等塑料製拉鍊時，則可搭配尺寸縫合，自由裁剪，相當方便。另外在使用隱形拉鍊時，需保留比所需尺寸多2cm的長度（參閱P.29）。拉鍊長度較長時，請於固定後剪掉多餘的部分。

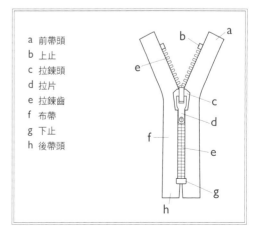

a 前帶頭
b 上止
c 拉鍊頭
d 拉片
e 拉鍊齒
f 布帶
g 下止
h 後帶頭

口袋的接縫法 ❶

{ 貼式口袋 } 一種口袋型式。四角形的作法請參閱P.21．P.23。

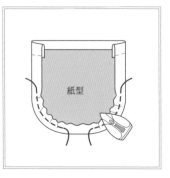

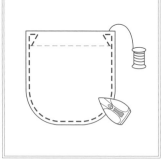

1 在彎弧處進行粗針目的車縫。

2 一邊抽拉彎弧處的縫線，一邊放入以厚紙製作的口袋紙型，以熨斗整燙形狀。

3 以熱接著線或黏著襯條黏貼後（參閱P.21），再進行車縫，比較簡單。

{ 剪接式口袋① } 用於裙子或褲子的口袋。

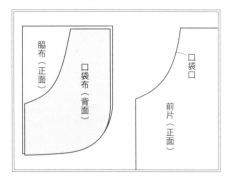

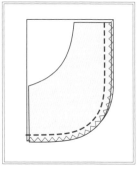

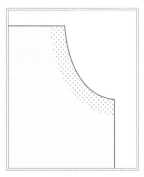

1 準備脇布、口袋布。脇布與前片使用相同布料，口袋布在表布為厚布料時，選用其他的薄布料。

2 將脇布與口袋布縫合後，進行Z字形車縫或拷克。

3 在前片的口袋口背面貼上黏著襯條備用。

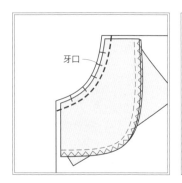

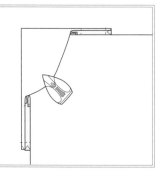

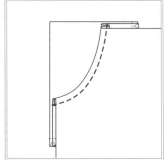

4 將前片與口袋布正面相對，縫合口袋口。

5 將口袋口沿完成線翻過來，以熨斗整燙。

6 在口袋口車縫壓線。依個人喜好，進行邊機縫或車縫兩道縫線皆可。

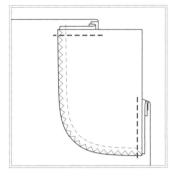

7 在脇邊與腰部部分縫上脇布備用。

8 縫上後片，在口袋口邊緣進行固定車縫。

{剪接式口袋②} 與①相同設計，較為簡單的固定方法。

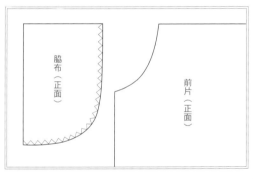

・三摺邊　　・裡層斜布條　　・滾邊

1 在此只需準備脇布。脇布的縫份進行Z字形車縫或拷克。

2 將前片的口袋口三摺邊，以車縫壓線固定。口袋口的彎弧弧度較小，無法進行三摺邊時，請貼上黏著襯條，以斜布條處理邊緣（參閱P.47）。

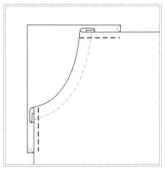

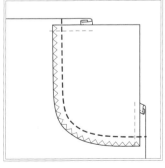

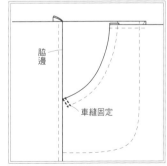

3 將前片與脇布對齊完成線位置，縫合脇邊與腰部部分。

4 車縫脇布。

5 縫上後片，在口袋口的邊緣車縫固定。

{ 蓋式口袋 } 搭配貼式口袋，應用於休閒服的設計。

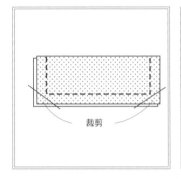

1 在表袋蓋的背面貼上黏著襯後縫合。裁去邊角。

2 從縫線的邊緣以熨斗燙摺。

3 翻回正面，以熨斗整燙形狀，車縫壓線。

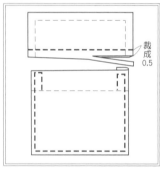

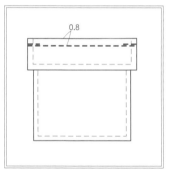

4 先縫上口袋後，如圖示般將袋蓋車縫固定，將縫份裁剪為0.5cm。

5 翻摺後，車縫壓線固定。在始縫處與止縫處進行回針縫。

{ 接襠布式口袋 } 可搭配工作褲的設計。屬於大型的口袋，容量很大。

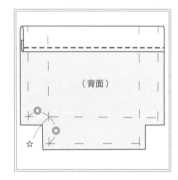

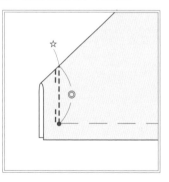

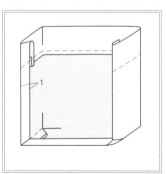

1 將口袋口三摺邊後，車縫壓線。以熨斗沿完成線壓摺縫份。

2 縫合襠布。此時車縫至完成線位置，進行回針縫。需注意避免縫合至縫份。

3 沿完成線摺疊縫份。

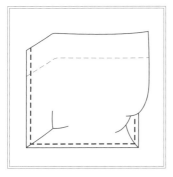

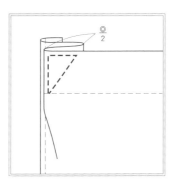

4 以車縫方式縫上口袋。

5 口袋口如圖示般摺疊襠布，並車縫三角形或四角形固定，要仔細地處理。

{ 褶飾口袋 } 在貼式口袋上加入襞褶的設計。

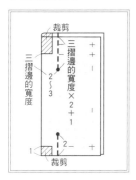

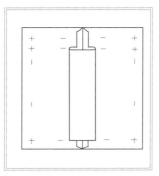

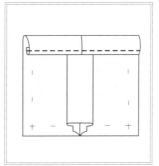

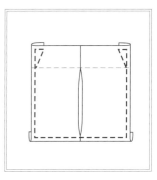

1 車縫口袋口與袋底部分的襞褶。在始縫處與止縫處進行回針縫。

2 剪去多餘的部分後，摺疊襞褶。

3 將口袋口三摺邊，車縫壓線。

4 縫份沿完成線摺疊，車縫固定。

{ 簡單滾邊口袋 } 用於夾克外套的設計。以一片口袋布即可簡單製作的方法。

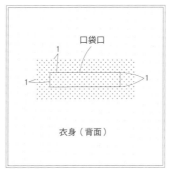

1 裁剪口袋布。

2 在固定部分（衣身等）的口袋口背面貼上黏著襯。黏著襯比口袋口大1cm。

3 口袋布作上口袋口的記號，車縫固定。在中心與邊角整齊的剪出切口。

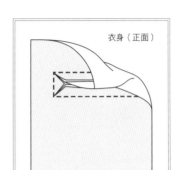

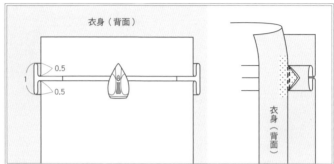

4 將口袋布塞入開口，拉至背面。

5 以熨斗整燙口袋口的滾邊。將口袋口邊緣的三角部分車縫固定。

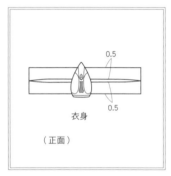

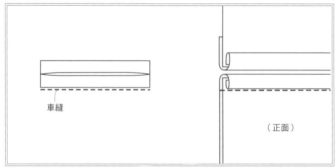

6 從正面以熨斗整燙滾邊的形狀。

7 在滾邊下方的邊緣車縫。

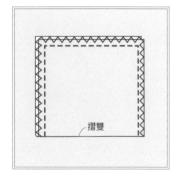

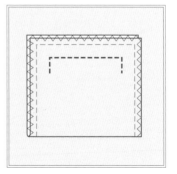

8 將口袋布的下端與上端對齊摺疊，車縫周圍，進行拷克或Z字形車縫。

9 從正面在滾邊與口袋口邊緣車縫。

10 背面圖。完成滾邊口袋。

{ 簡單的立式口袋 } 使用於大衣或西裝外套的設計。

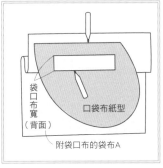

1 口袋布包含了袋口布與袋布。將袋口布部分摺疊後剪成袋布A。袋布B不包含袋口布，直接裁剪。

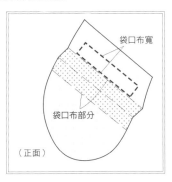

2 在袋布A的袋口布部分貼上黏著襯。將口袋口縫出四角形。

3 在固定部分的背面也貼上黏著襯。口袋口至邊角，仔細的剪出開口。

4 將袋布A從口袋口的開口穿入，拉至背面，以熨斗整燙形狀。

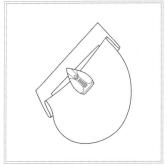

5 將袋口布部分對齊口袋口，沿完成線摺疊。

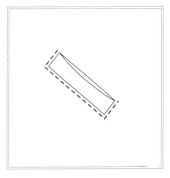

6 從正面在口袋口邊緣與下側進行車縫。

7 放上袋布B後車縫，在周圍進行Z字形車縫或拷克。

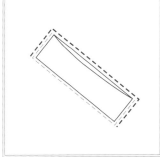

8 車縫口袋口邊緣與上側。

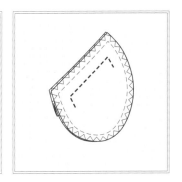

9 背面圖。雖然是看似困難的立式口袋，但因為此方法不另外接縫袋口布，所以縫製起來並不難。

TECHNIQUE ⊿ L 16

領子的接縫法 ❸ 介紹襯衫領（參閱P.42）之外的各種領子作法。

{ 平貼領 } 罩衫的領子或水手領的作法。在表領的背面貼上黏著襯。

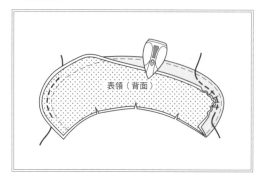

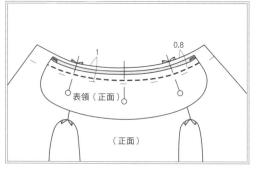

1 將領子正面相對對齊，在彎弧處的縫份上進行縮縫，抽拉縫線，從縫線的邊緣以熨斗燙摺至表領側。翻回正面後，再一次以熨斗整燙形狀。

2 對齊領子與衣身領圍的合印記號，以珠針固定。在0.8cm處進行車縫（疏縫）。

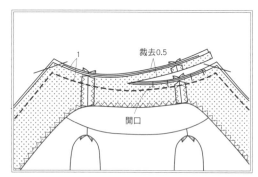

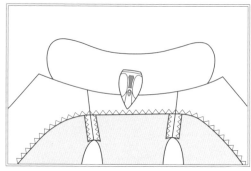

3 將貼邊正面相對，別上珠針，將領圍、前端縫合。將領圍的縫份裁去0.5cm左右，剪出牙口。從縫線的邊緣摺疊縫份。

4 將貼邊翻回正面。也從正面以熨斗整燙。

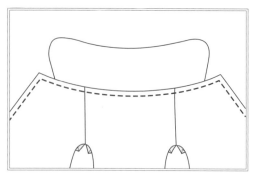

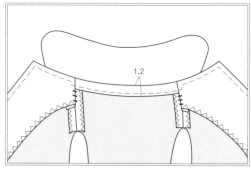

5 在前端、領圍上車縫壓線。

＊也有後領圍不使用貼邊，而使用斜布條的作法。將前貼邊邊緣摺疊，與斜布條重疊後縫合。前貼邊邊緣是縫在肩膀的縫份上。

{ 立領 } A是領子會重疊的作法、B是對稱的作法。在表領的背面貼上黏著襯。

Ⓐ

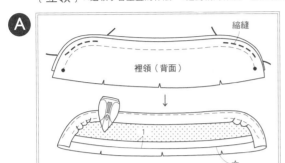

縮縫

裡領（背面）

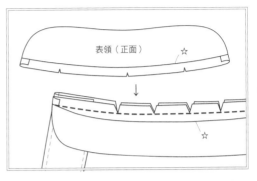

表領（正面）

☆

☆

1 將領子正面相對，縫至完成記號。表領摺疊縫份1cm。從縫線的邊緣摺疊周圍的縫份。在彎弧處的縫份上進行縮縫，抽拉縫線再以熨斗燙摺。

2 翻回正面，以熨斗整燙領子的形狀。以縫份寬1cm從裡衣身側縫上裡領，在縫份上剪牙口，裁成0.5cm。

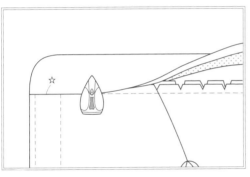

☆

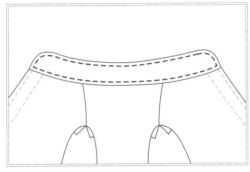

3 表領覆蓋領圍的縫份，熨斗整燙形狀後以珠針固定。使用熱接著線（參閱P.21．P.47）會比較方便。

4 從正面車縫壓線。在車縫彎弧處時放慢車縫的速度，但不中斷車縫，一次車縫完畢。

Ⓑ

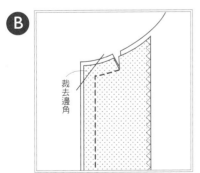

裁去邊角

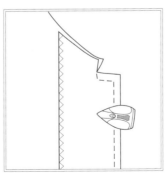

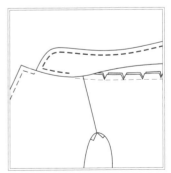

1 將貼邊與衣身正面相對疊合，車縫至接領止點，在接領止點的縫份上剪牙口。

2 將貼邊翻回正面，以熨斗整燙形狀，在前端與領圍邊緣車縫壓線。

3 採用與A同樣的作法，從裡衣身側縫上領子，正面覆蓋後車縫壓線。

{ 附領台的領子 } 在表上領、表領台的背面貼上黏著襯。

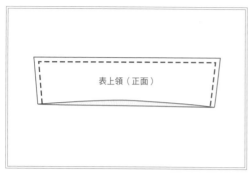

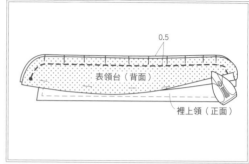

1 參閱P.42縫製上領。領子周圍的縫線設計可依個人喜好，選擇邊機縫或是車縫兩道縫線。

2 在表領台與裡領台中間夾入上領，車縫至完成記號。在縫份上剪牙口，裁成0.5cm。將表領台的接縫側沿完成線摺疊。

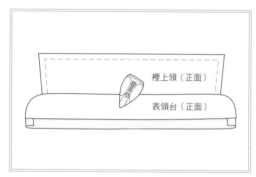

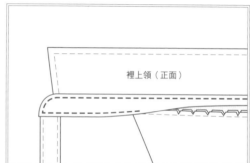

3 一邊將上領拉直，一邊以熨斗整燙形狀。

4 從裡衣身側縫上裡領台，在縫份剪牙口，覆蓋表領台後，從正面車縫壓線。使用熱接著線（參閱P.21．P.47）會比較方便。

{ 荷葉領 } 將寬幅的荷葉邊縫製成領子的作法。

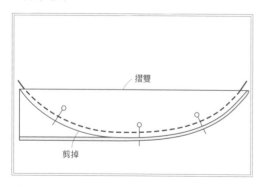

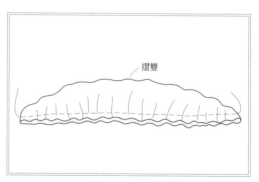

1 將荷葉邊布對摺，如圖示般裁去兩端。可進行縮縫或是以粗針目車縫。

2 抽拉縮縫的縫線，將長度縮至領子的尺寸。

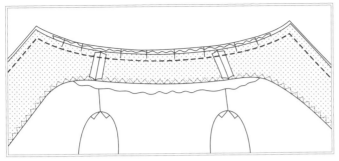

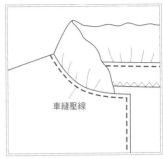

車縫壓線

3 將荷葉邊布縫在領圍上後（參閱P.72），重疊貼邊，將前端與領圍縫合。縫份裁成0.5cm後剪牙口。

4 將貼邊翻回正面，以熨斗整燙形狀後，在領圍車縫壓線。

〔蝴蝶結領〕可繫成蝴蝶結的領子接縫法。

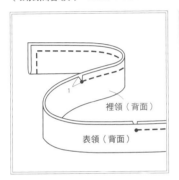

裡領（背面）

表領（背面）

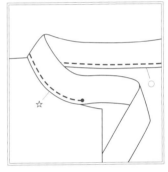

1 將所需長度的領子正面相對，車縫繫成蝴蝶結的部分。在裡領接領止點的縫份上剪1cm的牙口。

2 翻回正面，以熨斗整燙形狀。表領的領圍縫份沿完成線摺疊。

3 覆蓋從裡衣身側縫上的表領，從正面車縫壓線。衣身領圍的縫法與P.73的立領B相同。

HINT & TIPS
BUNKA

領子有各式各樣的形狀，也是設計的重點之一。如果認識各種領子的名稱，在挑選現成的衣服時，也會增添樂趣。

a 小飛俠領

領子前端為圓角設計的平領，但稍微沿著頸部線條的領子。名字的由來是因為形式跟彼得潘的服裝領子相同。經常用於童裝。

b 旗袍領（中式領）

指用於旗袍的領子。是立領的一種，也稱為中式領。

c 比翼領

翻摺的領片像是張開的翅膀般騰空，左右、後方圍繞頸部的領子。原本是指男士正式服裝的領子。從罩衫至大衣，被廣泛的使用。

d 新月領（絲瓜領）

像將披肩披在肩膀上的形狀。在日本通常稱為絲瓜領。

e 翻開領

指開襟襯衫的領子。藉由翻開的領子，穿著起來涼爽許多。

f 西裝領

指西裝的領子。上面部分稱為上片領，下面則稱為下片領。藉由改變下片領的形狀或寬度、牙口部分或重疊位置，可創造出許多不同的設計。

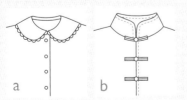

a

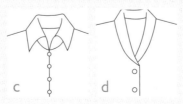

b

c

d

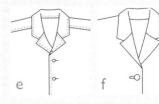

e

f

TECHNIQUE LESSON 17

袖子的接縫法 ❶ 配合袖子形狀的各種接縫法。也請參閱P.35。

{ 基本接袖 } 先車縫袖下後再與衣身接縫。

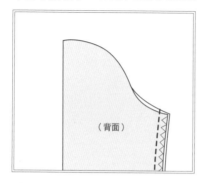

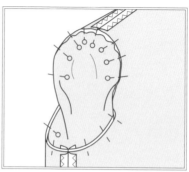

1 縫合袖下，並處理袖下的縫份。

2 首先對齊袖山與袖下、袖襱的合印記號，別上珠針。接著視情況所需再別上更多珠針固定。

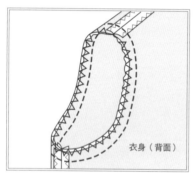

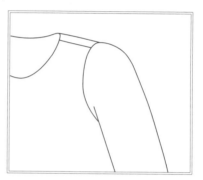

3 像是從袖側往裡面看般車縫。在縫份上進行Z字形車縫或拷克。此時的袖子縫份倒向袖側。

4 正面圖。

{ 吃針燙縮 } 在車縫羊毛布製作的基本接袖時，為了在袖山呈現出漂亮的形狀，要在袖子上「吃針燙縮」。此時最重要的是避免在縫好的袖子表面出現多餘的縐褶。

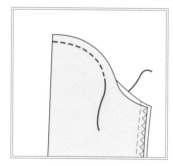

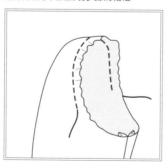

1 袖山合印記號之間的縫份進行縮縫（參閱P.55）。

2 輕拉縫線，縮至所需的尺寸。

3 將圓筒形燙馬（袖燙墊）或捲成圓筒狀的毛巾放入袖子，以蒸氣熨斗燙平細褶處，在袖山製作膨鬆感。

{ 拉克蘭袖 } 指衣身上斜向剪接的袖子。用於工作服等。

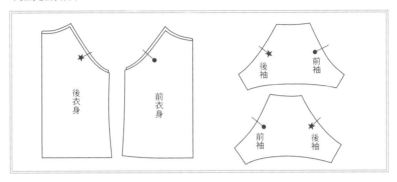

1 裁剪前後衣身、左右袖後，為了避免搞混，先以粉土筆寫上名稱或作上方便識別的記號。袖子尤其容易弄錯，請特別注意。

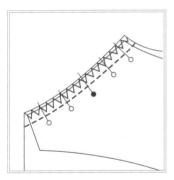

2 首先接縫前衣身與袖子。對齊合印記號，縫合後在縫份上進行Z字形車縫或拷克。

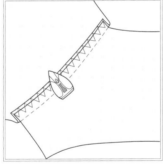

3 縫份倒向衣身側，以熨斗壓燙。在車縫壓線之前務必以熨斗熨燙，使成品更美觀。

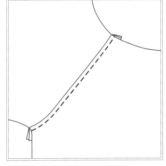

4 從正面車縫壓線。

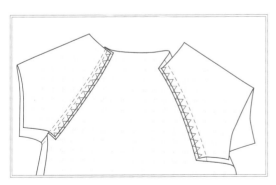

5 前衣身與左右的袖子接縫後，接縫後衣身。固定袖子的縫份，與前袖同樣倒向衣身側，車縫壓線。

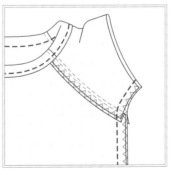

6 完成領圍的拷克或Z字形車縫後，續縫袖下與脇線。因為在車縫袖下、脇線後，不易縫上領圍，所以請在車縫脇線前進行處理。

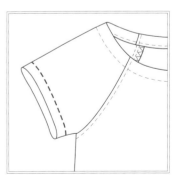

7 完成袖口的拷克或Z字形車縫後即完成。雖然拉克蘭袖大多用於工作服罩衫上，但對於初學者來說，這是一種比基本接袖簡單的袖子作法。

{ 和服袖 } 只有一片裁片，無接縫線的袖子縫製方法。

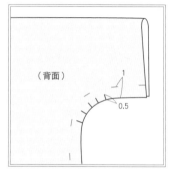
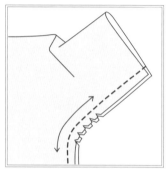
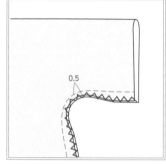

1 因為直接在裁成一片的袖下縫製，成品並不漂亮，所以在圓弧處的縫份上剪0.5cm的牙口。

2 一邊將圓弧部分拉平，一邊縫合袖下、脇線。之後將剪入牙口的部分裁成0.5cm。

3 將縫份進行Z字形車縫或拷克。因為仔細縫製彎弧部分，所以即使翻回正面也不會綻線，成品美觀。

HINT & TIPS
BUNKA

袖子的形狀除了基本接袖、拉克蘭袖、和服袖之外，還有其他許多不同名稱、形狀的袖子。

a 氣球袖

形狀像氣球般鼓起的袖子。縫上裡布或在袖口縫上鬆緊帶作出形狀。

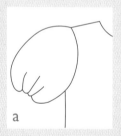

a

c 杜耳曼袖

連接衣身的袖子，衣身側寬鬆，往袖口方向收窄。

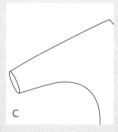

c

b 蓋肩袖

像是包覆肩膀般的小片袖子（P.10），在袖山抽細褶。

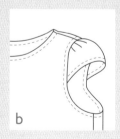

b

d 喇叭袖

指袖口形狀如喇叭般往外展開的袖子。也稱為鐘形袖。

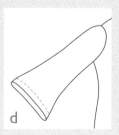

d

TECHNIQUE L18

處理袖口 ❶

{ 穿入鬆緊帶 } 三摺邊處理後，穿入鬆緊帶的作法。依鬆緊帶的寬度調整穿繩口的寬度。

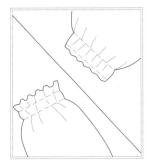  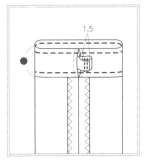 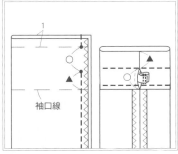

1 三摺邊後，以熨斗燙摺出褶線，車縫袖下。此時保留鬆緊帶穿入口不縫。

2 在穿入口的縫份上進行車縫（參閱P.81）。在三摺邊處車縫壓線，穿入鬆緊帶。

＊袖口邊緣有更多荷葉邊。雖然與步驟1相同，但注意鬆緊帶穿入口的位置不同。

用於泡泡袖的鬆緊帶穿入方法

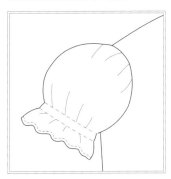 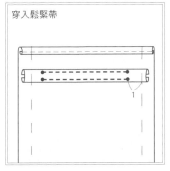 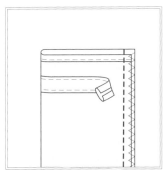

穿入鬆緊帶

1 在袖口進行三捲邊縫，袖下1cm處縫上鬆緊帶穿入襠布（斜布條等）。

2 縫合袖下。縫份兩片一起進行Z字形車縫或拷克。

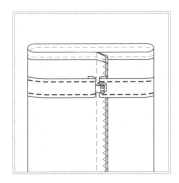  

直接車縫鬆緊帶

3 摺疊襠布的兩端，接在一起後車縫，穿入鬆緊帶。

1 直接車縫鬆緊帶時，請將鬆緊帶平均的拉直，以珠針固定，一邊拉直一邊車縫。

2 縫合袖下，縫份進行拷克或Z字形車縫。

{ 固定袖口布 } 無開叉設計的作法。

 A

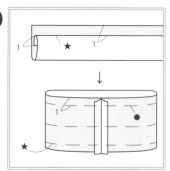

（背面）

（正面）

1 袖口布沿完成線摺疊，車縫一圈。

2 袖口布與袖口進行等分，平均的抽細褶。從袖口的背面縫上袖口布的●部分。

3 翻回正面，沿完成線摺疊，在★部分車縫壓線。

加上持出布的作法

 B

袖口尺寸
＋
持出部分

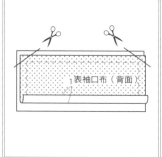
表袖口布（背面）

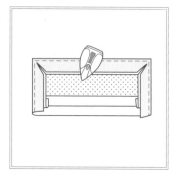

1 在表袖口布的背面貼上黏著襯，車縫至完成線位置（固定位置），縫合。

2 摺疊表袖口布的袖口側縫份。裁去邊角。

3 從縫線邊緣摺疊縫份。

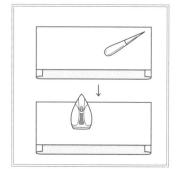

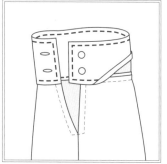

4 翻回正面，以錐子調整邊角的形狀，進行整燙。

5 從袖子的背面縫上裡袖口布。開口部分只要保留袖下不縫，即可輕鬆製作。

6 翻回正面，車縫壓線。開釦眼，縫上鈕釦。

TECHNIQUE L19

處理腰部 ❶ 搭配鬆緊帶或腰帶等設計，有各種不同的作法。

{鬆緊帶腰帶} 穿入鬆緊帶的三種方法。

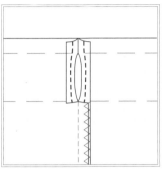
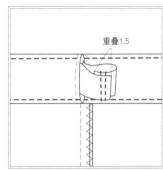

1 保留鬆緊帶穿入的地方（鬆緊帶穿入口）不縫，縫合脇線。將縫份兩片疊合，進行拷克或Z字形車縫時，如圖示般，在一片縫份上剪牙口。

2 將鬆緊帶穿入口的縫份燙開，在縫份上車縫。這樣一來，會比較容易穿入鬆緊帶。

3 三摺邊後車縫壓線，從鬆緊帶穿入口穿入鬆緊帶。長度約為腰部尺寸的九成，兩端重疊車縫。三摺邊的部分則可在上側進行車縫壓線。

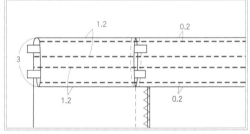
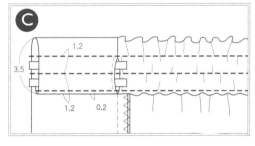

穿入兩條鬆緊帶時，若在鬆緊帶之間車縫兩道縫線，穿入鬆緊帶時將會形成漂亮的細褶。三摺邊的寬度為3cm時，適合使用0.8cm寬的鬆緊帶。

腰部上方有荷葉邊效果的作法。三摺邊的寬度為3.5cm，車縫三道縫線。適合使用0.8cm寬的鬆緊帶。

{以斜布條處理} A是以裡層斜布條處理、B是以滾邊處理。都是簡單的作法。

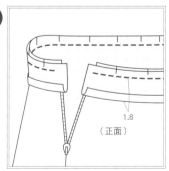
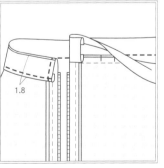
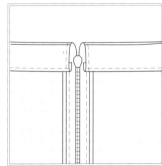

1 使用寬1.8cm的市售斜布條或表布共同布的斜布條，從正面縫上。在縫份上剪牙口。

2 將布條翻回正面，以熨斗整燙形狀後，車縫壓線。使用雙面黏著襯條（參閱P.21）比較方便。

3 縫上鉤釦（參閱P.95）。

TECHNIQUE L19 處理腰部

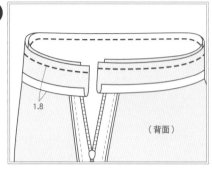  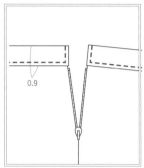

1 使用寬1.8cm的市售斜布條或表布共同布的斜布條,從背面縫在腰部。斜布條的摺疊方法請參閱P.46。

2 從縫線處以熨斗燙摺。如圖示般,將布邊內摺後,將摺線部分稍微裁剪。這樣一來成品會更俐落。

3 將布條在正面側上摺疊,為了避免看見步驟1時縫上的縫線,覆蓋布條後,車縫壓線。

{ 腰帶布環 } 鬆緊帶腰帶也可以搭配皮帶使用。

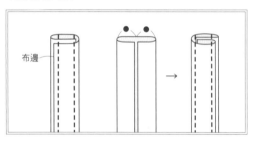 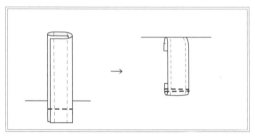

1 縫製寬1cm的布條。可利用布邊,如圖示般摺疊縫製。作出所需的腰帶布環總長。

2 裁剪成必需尺寸後縫上。首先縫在腰部上側,翻摺後,縫在下方。

{ 腰帶 } 不僅用於裙子,在褲子上也會使用。

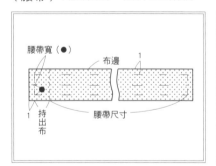 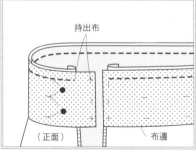 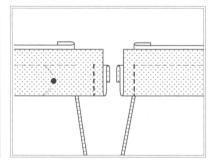

1 以同一塊布料製作腰帶布。利用布邊裁剪,整片貼上薄黏著襯。

2 從正面縫上腰帶布。此時在後左裙片上留下持出布的分量(2至3cm)。後右裙片則維持原樣。

3 將腰帶布正面相對,沿完成線摺疊,車縫持出布邊緣。右裙片沿完成線車縫。

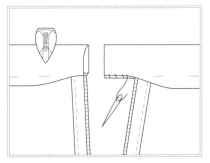

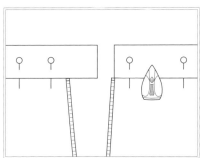

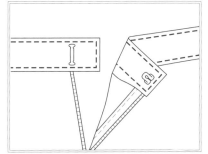

4 將腰帶布翻回正面，以熨斗沿完成線燙摺，持出布下端進行線縫，布邊部分不摺入，維持原樣。右片也只有邊緣摺入。

5 整燙，整理形狀後以珠針固定。

6 在腰帶上車縫壓線。不想車縫壓線時，可在腰帶下側的邊緣上車縫（落機縫）。最後縫上鉤釦後即完成。

{ 部分使用鬆緊帶的腰帶 } 外觀看起來像是縫上腰帶，但在後方穿入鬆緊帶，更方便穿著。

褶線　★

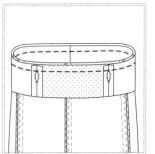

★

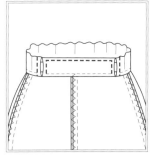

1 腰帶布部分貼上黏著襯。與鬆緊帶入口襯布縫合。保留鬆緊帶穿入口不縫，車縫壓線。

2 裙子或褲子的腰部背面縫上腰帶布。以熨斗燙摺縫線。

3 腰帶沿完成線摺疊，以珠針固定，在★部分車縫壓線。摺疊遮住步驟2的縫線。

4 穿入鬆緊帶，續縫至腰帶部分固定。也可使用附釦眼的鬆緊帶以鈕釦固定。

{ 抽帶式腰圍 } 使用於洋裝的腰部。

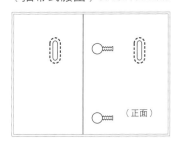

（正面）

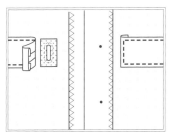

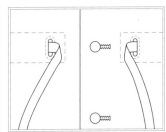

1 參閱P.60，製作穿繩口。也可以製作釦眼。

2 縫上穿繩襯布。可使用同一塊布或斜布條。

3 將綁帶從穿繩口穿出，完成。

TECHNIQUE L20

織帶 & 荷葉邊的作法 ❶ 可當作設計重點的布條及荷葉邊。

{出芽邊條} 用於襯衫或領子的邊緣。

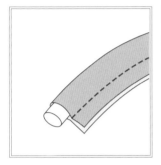 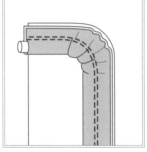  

1 以斜布條包裹細繩所製作而成的出芽邊條。可使用市售的滾邊布條或自行以同一塊布製作。

2 將出芽邊條暫時縫在固定部分上。在彎弧處抽細褶。考量外彎弧的距離,再進行抽細褶。

3 重疊貼邊進行車縫。使用拉鍊壓布腳比較容易操作。

（背面）

4 翻回正面,在布條的邊緣車縫壓線。但不壓線也無妨。

（正面）

{織帶} 使用雙面黏著襯條即可輕鬆的縫上。

 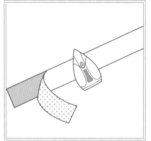 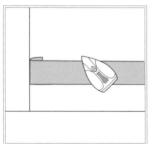 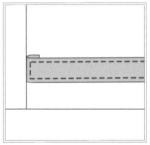

1 準備5mm寬與10mm寬的雙面黏著襯條,使用很方便。可防止車縫時偏離位置,也可漂亮的縫上織帶。

2 在織帶的背面貼上雙面黏著襯條。以熨斗平均的燙貼。

3 撕下背面的離型紙,以熨斗燙貼在接縫位置上。不是左右移動熨斗,而是以按壓的方式燙貼。

4 黏合後進行車縫。以珠針或疏縫固定,在途中可能會發生偏移的情形,但以襯條事先黏合,就無需擔心。

{波浪花邊織帶} 也稱為山形帶、彎曲帶,作起來很有趣的織帶接縫法。

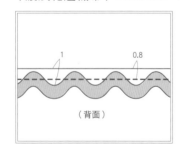 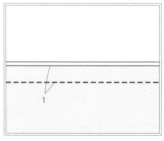 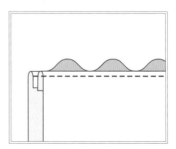

（背面）

1 將波浪花邊織帶如圖示般以車縫暫時固定。雖然波浪花邊織帶分為各種不同的寬度,但固定方法皆相同。

2 重疊要縫合的布料,在寬1cm處縫合。暫時固定的車縫步驟相當重要。

3 翻回正面,以熨斗整燙形狀,車縫壓線。縫在領圍或領端,就會是很可愛的設計。也可應用在提袋的袋口上。

{ 共同布作荷葉邊 } 將荷葉邊縫在罩衫上的方法。

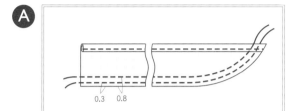 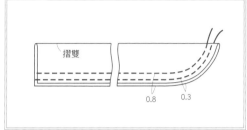

0.3　0.8

摺雙

0.8　0.3

1 荷葉邊邊緣進行三捲邊（P.59）處理。其中一邊剪成圓角，在縫份部分上進行縮縫，或是車縫兩道粗針目的縫線。

＊使用薄布料時，將布料對摺後，以步驟1的方法製作。

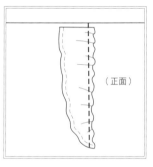 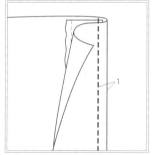 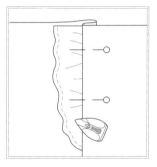 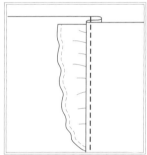

（正面）

1

2 拉緊縫份的縫線，將長度縮至完成尺寸，以車縫暫時固定。

3 摺疊衣身，與荷葉邊縫合。將衣身的縫份裁得寬一些。

＊衣身沿完成線摺疊，重疊在荷葉邊上，建議以珠針固定。與細針形褶襉（參閱P.86）的要領相同。

4 車縫壓線固定。在縫製褶襉時也以車縫壓線固定。

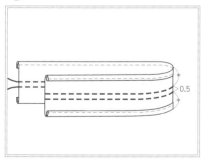 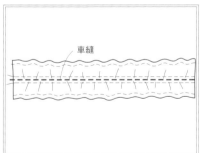 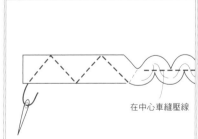

0.5

車縫

在中心車縫壓線

1 將荷葉邊布的兩端三捲邊處理。中心進行縮縫，或是以粗針目車縫。

2 車縫固定荷葉邊的中心。也可應用在裙子下襬或袖口等處。

＊將市售的緞帶如圖示般進行三角形的縮縫，拉緊縫線後，即可製作成像波浪花邊織帶般的荷葉邊布。適合搭配材質柔軟的緞帶操作。

細針形褶襇與褶襇的縫製方法 ⊕ 雖然不是簡單的技法，但只要仔細製作就沒問題。可增加縫製手作服的樂趣。

{ 細針形褶襇 } 用於罩衫或襯衫上，可提升質感。

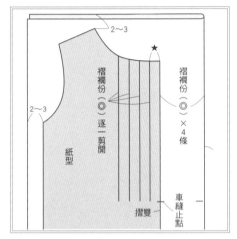

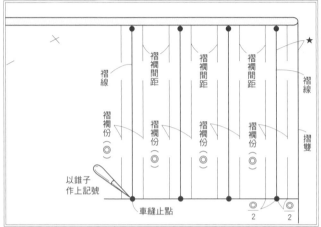

1 將紙型放在布料上方，加上細針形褶襇所需的布料，裁剪衣身。這時候作上止縫記號，肩線與袖襱也作上簡單的合印記號。縫份多留2至3cm的分量後進行裁布（粗裁）。

2 首先從布料中心的摺雙位置，測量至褶線（★），以錐子在上端與止縫位置兩處作上記號。從第二條褶線開始則如圖示般取出細針形褶襇之間的間距，逐一作上褶線記號。

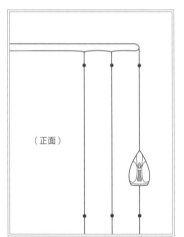

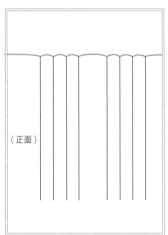

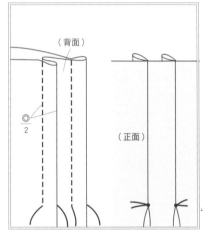

3 以熨斗壓燙作上記號的褶線。

4 作好細針形褶襇位置記號的樣子。如果加上褶線，即可整齊的車縫。

5 進行車縫。在車縫止點位置不進行回針縫，而是保留5cm的線尾，剪斷縫線，接著將線尾從裡衣身側抽出，打結。打結方法請參閱P.25的尖褶作法。

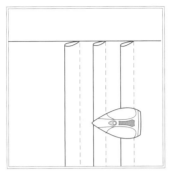

6 以熨斗燙摺襉。

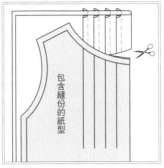

7 從正面將紙型的褶線與布料上的褶襉線對齊後進行裁剪。

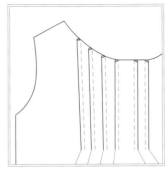

8 細針形褶襉即完成。

{ 褶襉 } 將衣身或裙子等的一部分加以摺疊的方法。

Ⓐ
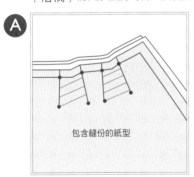

1 以錐子在褶襉位置作上記號。

2 對齊記號後摺疊，以珠針固定。

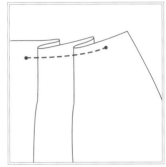

3 將摺好的部分以車縫暫時固定後，縫上腰帶布或衣身布。

Ⓑ
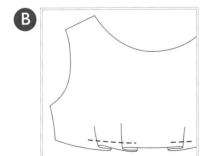

1 在衣身縫製褶襉時，同樣先摺疊褶襉後，再以車縫暫時固定。

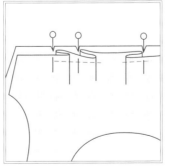

2 將裙子布片的褶襉位置的合印記號與衣身的褶襉對齊，以珠針固定。

3 縫合。從抽細褶的設計變成褶襉，給人的印象也會改變。

TECHNIQUE ◢L LESSON 22

襞褶的摺疊方法　❸ 基本的百褶裙，最重要的就是襞褶的摺疊方法。

{ 單向褶 } 往同方向倒的褶子。

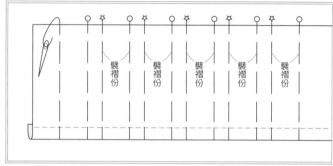

1 將下襬往上摺。為了能夠整齊的摺疊襞褶，布邊進行Z字形車縫或拷克，對摺後以車縫壓線固定。

2 作襞褶位置的記號。以疏縫線縫至下方，作上記號。使用不同顏色的線作褶線位置（☆）與襞褶份的記號（○），就不容易弄錯。

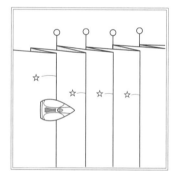

3 將記號對齊，逐一摺疊襞褶，以按壓方式熨燙。

4 在陰襞褶線上車縫壓線，這樣一來襞褶的形狀較不易散開。

＊將襞褶縫合至中間，形狀不易散開。

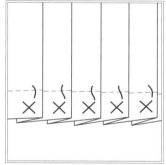

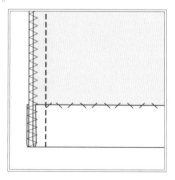

＊也可以在襞褶的褶線上車縫壓線。

5 從正面在下襬以疏縫線固定襞褶，如圖示般進行疏縫。

＊接縫布料時，在下襬往上摺的狀態下縫合，此接縫線也當成褶線，以此分配各襞褶的位置。

88

｛箱形褶｝ 在整體或一部分上摺疊。

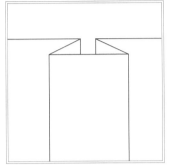

＊往左右兩邊摺疊的襞褶。

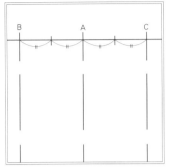

1 在布料上作上兩倍褶寬的記號。
將B、C對齊中間點的A往內摺即
可。建議作上記號後再摺疊。

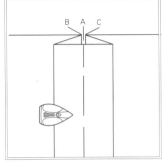

2 對齊記號，以熨斗燙摺。建議以
珠針固定後再熨燙。

｛內箱形褶｝

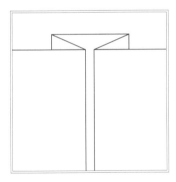

＊將箱形褶翻至背面的襞褶。常出現在
裙子的前中心。

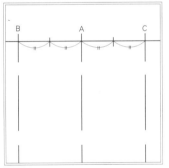

1 在布料上作上為兩倍褶寬的記
號。記號的標示方法與箱形褶相
同。

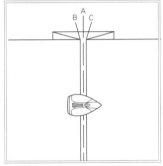

2 使ABC三點重疊般摺疊。將褶線
對齊記號，以珠針固定，進行熨
燙。

｛襞褶的計算方法｝

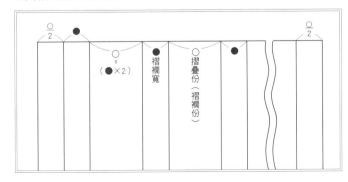

製作單向褶時，一般來說是使表褶襴寬
（●）與陰褶襴寬相等摺疊。接縫布料
時則在○記號的中心處拼接。使用蘇格
蘭格紋等格紋布料縫製襞褶時，雖然可
省下作記號的作業，容易製作，但表
褶襴寬與陰褶襴寬常會發生不一致的情
況，為了使格紋一致，建議調整褶寬。

手縫 ❸ 基本縫合下襬或布料時必備的手縫法。

{ 始縫結 } 在開始縫製前打結。這是打出漂亮的結的作法。

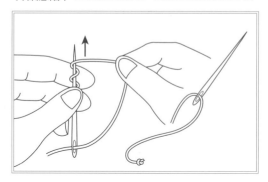

將線穿入針後,將線在針上纏繞二至三圈,以左手壓住纏繞的部分,直接將針抽出,即可順利完成打結。

{ 平針縫（運針）}

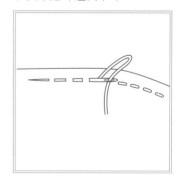

用於縫合時的縫法。不將針抽出,連續縫製,即可縫出漂亮的縫線。

{ 半回針縫 }

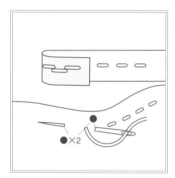

一針一針的縫製。一針縫完後,再回縫半針的長度。平針縫時如果採用此縫法,就會很牢固。

{ 全回針縫 }

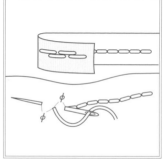

一針縫完後,再回到上一個出針處。與刺繡的回針縫的針目相同。使用於厚布料或想牢固縫製的部分。

{ 星止縫 }

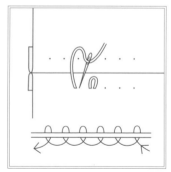

與半回針縫的作法相同,回針1mm左右。以手縫方式縫上隱形拉鍊時、或想固定羊毛布等厚布料的縫份時（此時需避免針目出現在表布上）所使用的縫法。

{ 捲邊縫 }

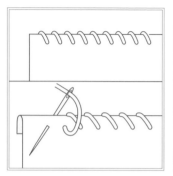

使用於羊毛布等布料的縫份處理。只要以疏縫線進行捲邊縫,就不易綻線。與布邊縫相同。

{ 斜針繚縫 }

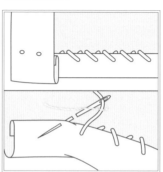

縫線呈斜向的縫法。以比較大的針目縫製。避免線露出表面,以挑布的感覺縫製。

{ 藏針縫 }

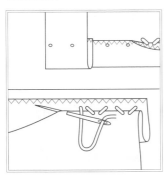

縫線不露出表面的縫法。因為線隱藏在裡面，用於裙子的下襬等，不會造成磨擦，可增加牢固度。

{ 繚縫 }

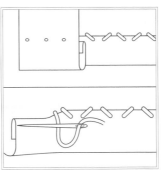

縫線像八字般的縫法。縫製時，盡量避免針露出表面。

{ 千鳥縫 }

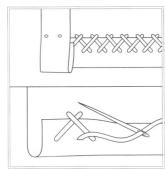

也可當作裝飾縫線的縫法。在布的表面上縫製，作為設計的重點，也頗具趣味。

{ ㄈ形縫 }

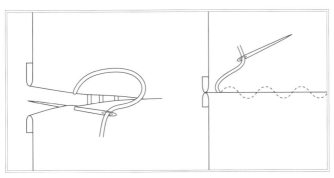

接縫布料時所使用的縫法。用於縫合預留口時，可使成品更美觀。

{ 直針繚縫 }

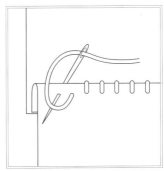

在縫製貼邊緣時（參閱P.29）或貼布繡等時所使用的方法。

{ 線釘法 } 在羊毛等比較難作記號的布料上的標記法。

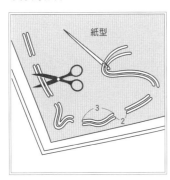

1 將紙型放在布料上方，以兩條縫線在縫合處或口袋固定位置上作記號。將線縫得稍微鬆一些，在線的中間處剪斷後，拆除紙型。

2 為了避免縫線鬆脫，輕輕將布料掀開，將布料之間的縫線剪斷。布料上方的縫線較長時，請貼緊布料剪斷。為避免縫線鬆脫，從上方輕拍並按壓。

{ 閂止縫 }

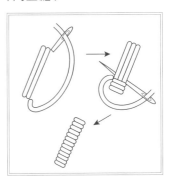

用於補強開口止點或口袋口時，是一種防止綻線的縫法。

TECHNIQUE ∠L 24

釦眼 ❸ 在襯衫、罩衫、連身洋裝等以鈕釦固定時，就必須縫製釦眼。

{ 以車縫製作 } 以Z字形車縫製作的簡易方法。

1 不使用開釦眼壓布腳時的作法。首先在長邊上進行Z字形車縫。

2 在另一側與兩端也進行Z字形車縫。

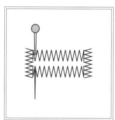

3 在釦眼的邊緣別上珠針。這樣一來即可放心剪開釦眼，不用擔心會剪至車縫線。

4 插入拆線器，注意不要割到Z字形車縫線，滑行割至珠針的位置。

5 開釦眼完成。使用專用的壓布腳時，也同樣以上述方法割開釦眼。

{ 手縫釦眼 } 以手縫方式縫製釦眼的方法。雖然比較花時間，但質感很好。

1 以車縫或手縫縫製周圍，割開釦眼的開口。

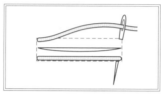

2 將縫線跨過長邊。此時將針刺入步驟1時所縫製的縫線內側。

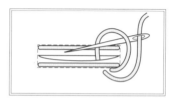

3 如圖示般，將縫線抽出，將針穿入線圈中。

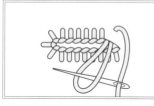

4 重複步驟3。使針目的長度一致，將步驟1的縫線當作導引線，藏入縫線般縫製。

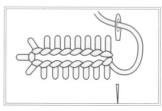

5 最後一針從一開始的始縫結的下方穿入，在收針位置縫二至三針。

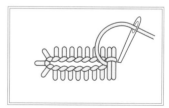

6 在中心將線捲兩圈固定。

{ 以線圈製作 } 也用於連身洋裝的上端或腰部。

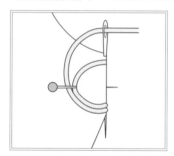

1 別上珠針固定，決定線圈的尺寸後，將線繞兩圈。

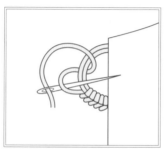

2 以手縫釦眼的作法，重複縫製，直到將步驟1的線圈遮住為止。

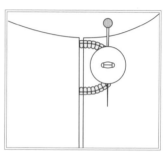

3 以珠針固定線圈，決定鈕釦位置後再縫上鈕釦即可。

{ 以布環製作 }

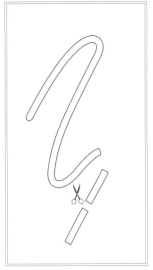

1 參閱P.48，製作布環，剪下所需的長度。

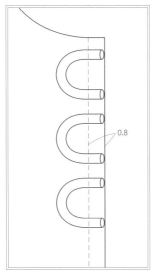

2 將布環暫時固定在預定縫製位置上。建議在縫製位置的縫份上剪牙口。

0.8

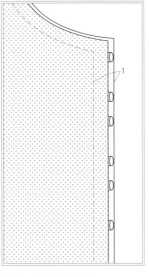

3 重疊貼邊後縫合。

1

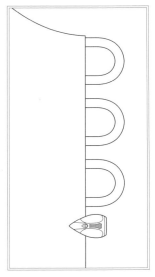

4 翻回正面，以熨斗整燙形狀即完成。

{ 釦眼的作記號方法 }

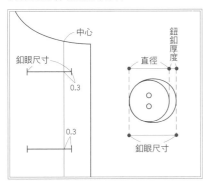

中心
釦眼尺寸
0.3
0.3
鈕釦厚度
直徑
釦眼尺寸

在作釦眼位置的記號時，如圖示般測量鈕釦後再作記號。雖然鈕釦是縫在前或後中心的位置上，但因為釦眼會因為線腳而增加厚度，所以將釦眼邊緣設定在距離中心線0.3cm左右的位置。另外釦眼的尺寸是以鈕釦的直徑＋厚度來決定。

{ 中國繩結釦 }

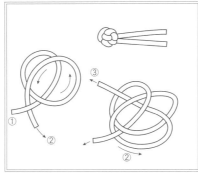

① ② ③

1 參閱P.48製作布環，在中間穿入兩條並太毛線，如圖示般編織成鈕釦。以錐子調整整體平衡，使其呈現圓潤的圓球狀。

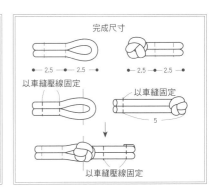

完成尺寸
2.5 — 2.5
2.5 — 2.5
以車縫壓線固定
以車縫固定
5
以車縫壓線固定

2 與放入普通鈕釦同樣的作法製作布環，以圖中的尺寸固定。將邊緣依照完成尺寸縫在衣身上，翻摺後以車縫壓線固定。

TECHNIQUE ◢ L 25

手縫 ❽

{ 縮褶繡 } 在抽細褶後進行刺繡的裝飾性細褶。若使用圓點或格紋布料，不但操作簡單而且效果更佳。

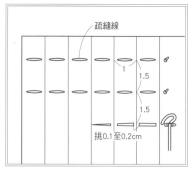

疏縫線

挑0.1至0.2cm

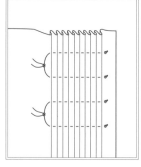

1 在素面布料上作記號。橫向針目的間距一般為0.5至1cm、縱向間距為1至1.5cm。以針將記號處的布料挑起0.1至0.2cm。

2 每兩條線打結一次。此縫線在刺繡完畢後即拆除。

3 以蒸氣熨斗的蒸氣整燙。

{ 套索繡 }

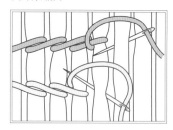

{ 繩股繡 }

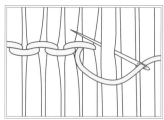

{ 羽毛繡 }

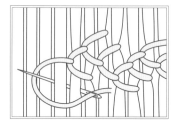

{ 山形繡 }

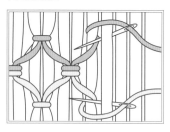

{ 范戴克繡 }

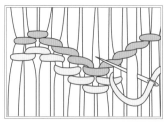

{ 蜂窩繡 }

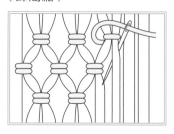

布料的估算方法

進行縮褶繡的布寬使用量是依布的厚度、綯褶的深度而改變，請以下方的參考標準估算。因為長度也會稍微縮短，所以建議估算為完成尺寸的1.2倍左右。

極薄布／縮褶繡寬×3至4
薄布／縮褶繡寬×2.5至3
中間厚度／縮褶繡寬×2至2.5

{ 法式結粒繡 }

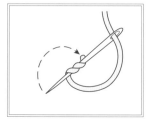

{ 鎖鍊繡 }

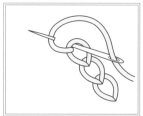

{ 固定鈕釦 } 一般鈕釦的固定方法。兩孔與四孔都是同樣的固定方法。

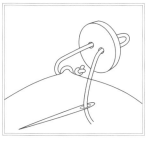 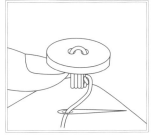 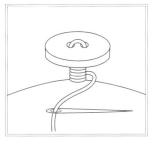 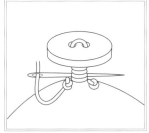

1 作始縫結後，從正面在固定位置挑兩小針，將針穿過鈕釦上的孔。可以使用鈕釦線。

2 將手指插入鈕釦的下方，決定線腳的長度。約縫二至三次，使線腳的長度一致。

3 將線纏繞在線腳部分。藉由此作業，可將鈕釦牢牢固定。

4 收針作止縫結，將線藏入線腳中，剪斷即完成。

{ 固定暗釦 } 縫在鈕釦的下方，在看不見的地方協助固定。

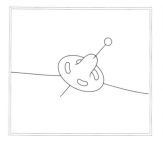  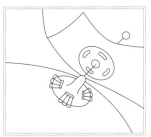 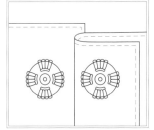

1 從上方縫上。將珠針插入公釦的孔內，固定在縫製位置上。這樣一來即可縫在正確的位置上。

2 以製作釦眼的方式縫製，在每一孔縫三針左右。

3 將母釦套入公釦，同樣以珠針決定縫製的位置。

4 母釦也以製作釦眼的方式縫上。固定後，收針作止縫結，線藏入暗釦中，將線剪斷。

{ 固定鈎釦 }   Ⓐ   Ⓑ   Ⓒ

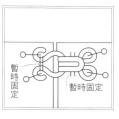 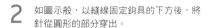 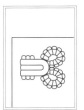   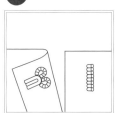

1 將鈎釦扣好後，別上珠針，決定固定位置。如果位置不佳，會形成空隙，就失去了縫製鈎釦的意義，請特別注意。

2 如圖示般，以縫線固定鈎具的下方後，將針從圓形的部分穿出。

3 圓圈部分以釦眼繡（參閱P.92）方法縫上。

4 呈布環狀的釦具圓圈部分也以釦眼繡縫上。

也有不同形狀的釦具。此時先決定固定位置後，再以釦眼繡縫上鈎具的圓圈部分。

有時也會以線圈（參閱P.92）的作法縫製釦具部分。連身洋裝的拉鍊開口就是採用此方法。

Sewing 縫紉家 05

手作達人縫紉筆記：手作服這樣作就對了 （暢銷新版）

作　　者／月居良子
譯　　者／亞里
發 行 人／詹慶和
總 編 輯／蔡麗玲
執行編輯／劉蕙寧・陳姿伶
編　　輯／蔡毓玲・黃璟安・李佳穎・李宛真
執行美編／陳麗娜・周盈汝
美術編輯／韓欣恬
內頁排版／造極
出 版 者／雅書堂文化事業有限公司
發 行 者／雅書堂文化事業有限公司
郵撥帳號／18225950　戶名：雅書堂文化事業有限公司
地　　址／新北市板橋區板新路206號3樓
電　　話／(02)8952-4078
傳　　真／(02)8952-4084
網　　址／www.elegantbooks.com.tw
電子郵件／elegant.books@msa.hinet.net

2018年3月二版一刷　　定價380元

TSUKURINAGARA MASTER SURU SEWING NO KISO
Copyright © Yoshiko Tsukiori 2008
All rights reserved.
Original Japanese edition published in Japan by EDUCATIONAL FOUNDATION BUNKA
GAKUEN BUNKA PUBLISHING BUREAU
Chinese (in complex character) translation rights arranged with EDUCATIONAL
FOUNDATION BUNKA GAKUEN BUNKA PUBLISHING BUREAU
through KEIO CULTURAL ENTERPRISE CO., LTD.

經銷／易可數位行銷股份有限公司
地址／新北市新店區寶橋路235巷6弄3號5樓
電話／(02)8911-0825　傳真／(02)8911-0801

版權所有・翻印必究

※本書作品禁止任何商業營利用途（店售・網路販售等）＆刊載，
請單純享受個人的手作樂趣。
※本書如有缺頁，請寄回本公司更換。

月居良子（Tsukiori・Yoshiko）

女子美術短期大學畢業後，曾在服飾產業工作，離職後以自由手作服設計師為業。擅長嬰兒服、童裝與女裝等領域，涉獵相當廣泛。

發行人　　　大沼淳
裝訂、排版　天野美保子
攝影　　　　南雲保夫
繪圖　　　　薄井年夫
紙型繪製　　ACUTO-A2
編輯　　　　室野明代
　　　　　　平井典枝（文化出版局）

國家圖書館出版品預行編目(CIP)資料

手作達人縫紉筆記：手作服這樣作就對了 / 月居
良子著；亞里譯. -- 二版. -- 新北市：雅書堂文化，
2018.03
　面；　公分. -- (SEWING縫紉家；5)
ISBN 978-986-302-418-7(平裝)

1.縫紉 2.衣飾 3.手工藝
426.3　　　　　　　　　　　　　　107002487

SEWING RECIPE

30 31 32 33 34 35 36 37 38 39 40 41 42 43 44 45 46 47

SEWING RECIPE